U0405806

美丽三重奏

色彩 风格 搭配

修订本

程 成——著
杨红鹰——整理

MEILI SANCHONGZOU
SECAI FENGGE DAPEI

深圳出版社

图书在版编目（CIP）数据

美丽三重奏 : 色彩、风格、搭配 / 程成著 ; 杨红鹰整理. -- 2版（修订本）. -- 深圳 : 深圳出版社，2024.3（2025.7 重印）

ISBN 978-7-5507-3994-9

Ⅰ. ①美… Ⅱ. ①程… ②杨… Ⅲ. ①服饰美学 Ⅳ. ①TS941.11

中国国家版本馆CIP数据核字(2024)第043547号

美丽三重奏——色彩、风格、搭配

MEILI SANCHONGZOU——SECAI、FENGGE、DAPEI

责任编辑　杨雨荷　韩海彬
责任校对　黄　腾
责任技编　郑　欢
封面设计　阳玳玮（广大迅风艺术）

出版发行　深圳出版社
地　　址　深圳市彩田南路海天综合大厦（518033）
网　　址　www.htph.com.cn
订购电话　0755-83460239（邮购、团购）
排版制作　深圳市形象力品牌管理有限公司
印　　刷　深圳市新联美术印刷有限公司
开　　本　787mm x 1092mm　1/16
印　　张　21.5
字　　数　386 千字
版　　次　2024 年 3 月第 2 版
印　　次　2025 年 7 月第 2 次
定　　价　58.00 元

序

盘点过往，惊觉自己在形象美学领域深耕已有 20 多年，不算聪慧，更谈不上勤奋。服务了 4 万多名顾客，在大数据时代，这数字微不足道，但背后鲜活的面孔和互动的过程每每既让我感动也启发我思考：形象的价值到底有多大？赋能助力应该在生命的哪个层面？

这 20 多年，我亲历了中国社会从温饱到实现小康的过程。衣食住行的消费价值观也历经需求层次的进化和迭代。我们对以“衣”为代表的形象要求，从买衣服到买品牌衣服，再到“满坑满谷”需要“断舍离”。其中，形象审美就从物质层面上升到了精神层面，崇尚美的感受时代就到来了。我们都知道乔布斯重新定义了手机，每次苹果产品发布会都能牵动全球众多人敏感的神经，引发世人的追捧。可作为一家科技公司，苹果的核心竞争力竟是外观设计专利和对消费者审美的洞察。在大变革时代，时尚之美举足轻重，毕竟，我们都希望 in（时尚）而非 out（过时）啊。

数据，给人的感觉总是太理性，冷冰冰的。听听感性、有温度的“形象说”：

形象永远走在能力前面。没有人有义务必须透过连你自己都毫不在意的邋遢外表去发现你优秀的内在。

——杨澜

40 岁以上的人，要对自己的脸负责。

——林肯

人应当一切都美，外貌、衣着、灵魂、思想。

——契诃夫

有道理吗？相由心生。我们走过的路，读过的书，听过的风声、鸟鸣，赏过的美景，都生动地传达着我们是谁。性格显在唇边，幸福露在眼角；表情是心境，眉宇有岁月。每一缕灵魂的香气，时间看得见，众人也看得见。

李延年向汉武帝献歌道：“北方有佳人，绝世而独立。一顾倾人城，再顾倾人国。宁不知倾城与倾国？佳人难再得！”汉武帝心驰神往，叹息曰：“善！世岂有此人乎？”

“美作为感性与理性、形式与内容、真与善、合规律性与合目的性的统一，与人性一样，是人类历史的伟大成果。”美一定是合乎“真”（天道）、“善”（人道）的。

形象之美，借由色、型、韵三个维度认知、调试、修炼。形象之美，是从养眼到养心的花径善道。你，准备好了吗？

一沙一世界，一花一天堂。一衣一饰、一举手一投足，美好的日常，就是你的诗和远方。

程　成

摄影：王佳

破解罗裳密码

形象不是长相
认知自我的开始
不得不说的关系
厘清方能“断舍离”
破解那个困惑你多年的色彩之谜

随身携带
经常对照
不知不觉
人衣合一
百变女神
何止是漂亮！

目 录

人生之所以美丽，
是因为生活本就五彩斑斓。

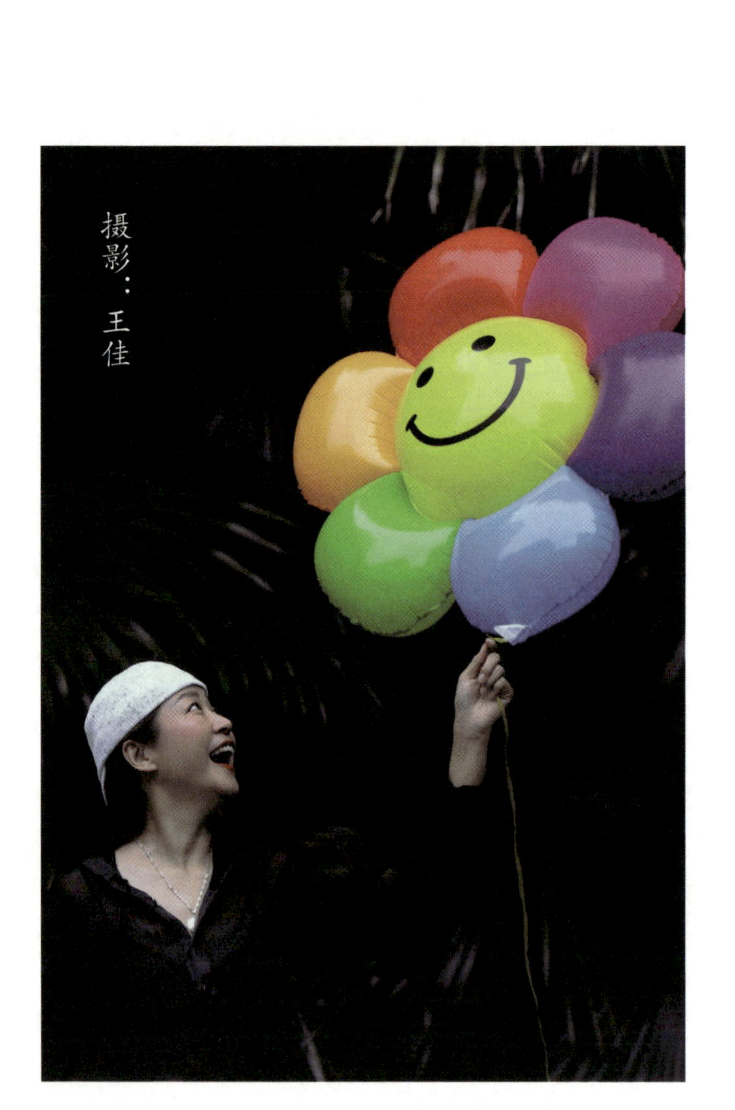
摄影：王佳

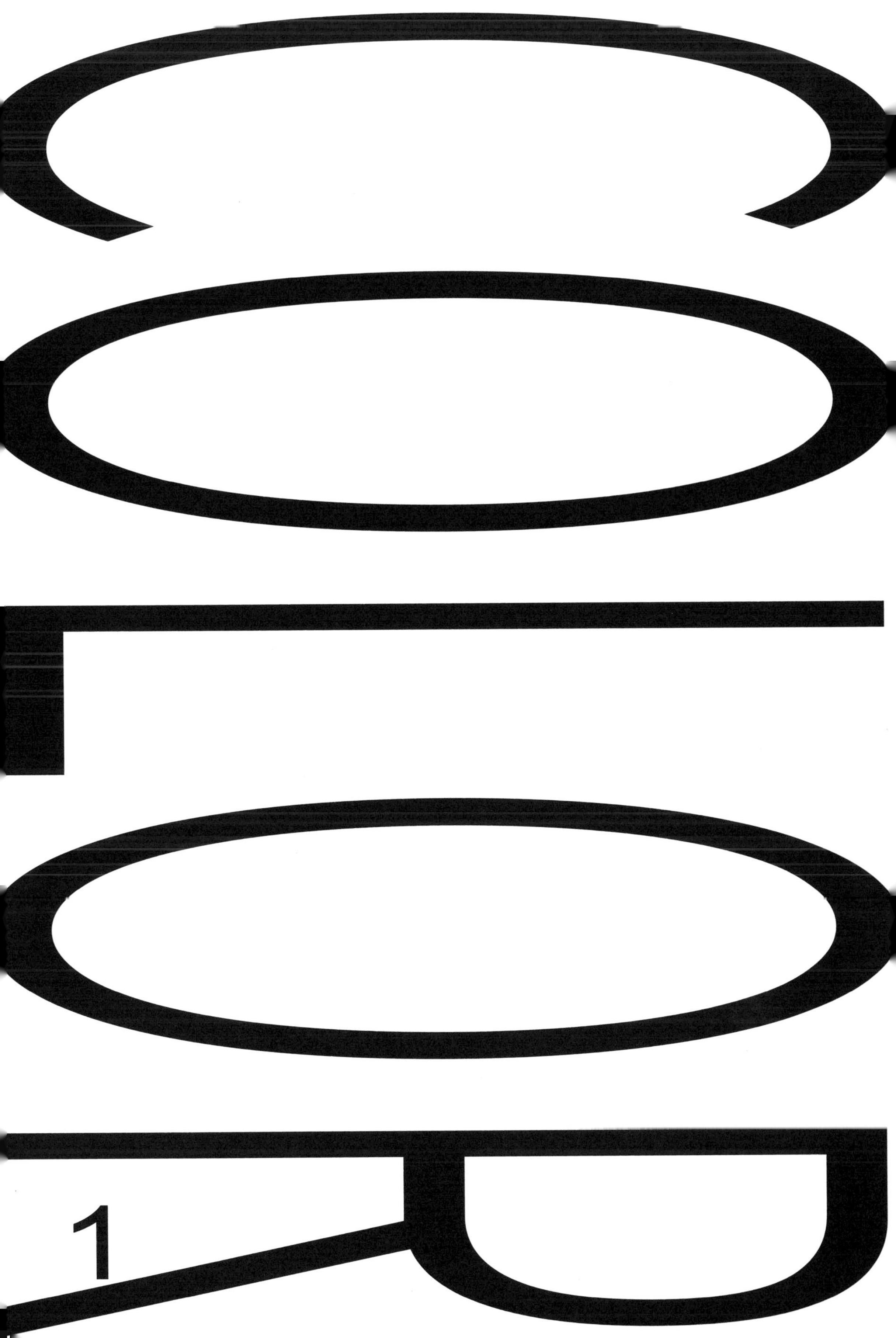
COLOR
1

色彩

佛教用“色”来定义大千世界
人类用“色”来标榜美好
色而有彩，丰富有趣
它是绘画大师笔下斑斓的构成
是大自然对生命的馈赠
色彩，是我们认识生命的重要法则

爱美

美，于女人直现于形象
形象，离不开服饰
服饰，最重要的是服装
服装，最先给出的信息是色彩
其次是款式和面料
想获得一个美好的形象
想了解自己的形象密码
来，一起进入色彩世界吧

Piet Mondrian
彼埃·蒙德里安
Victory Boogie Woogie
《胜利之舞》

Murakami Takashi
村上隆
Field of Smiling Flowers
《太阳花系列之一》

红、蓝、黄——三原本色

光的反射、吸收——眼观色变，五彩斑斓

色彩叠加、混合——万紫千红，千变万化

Chapter 1 色彩协奏曲

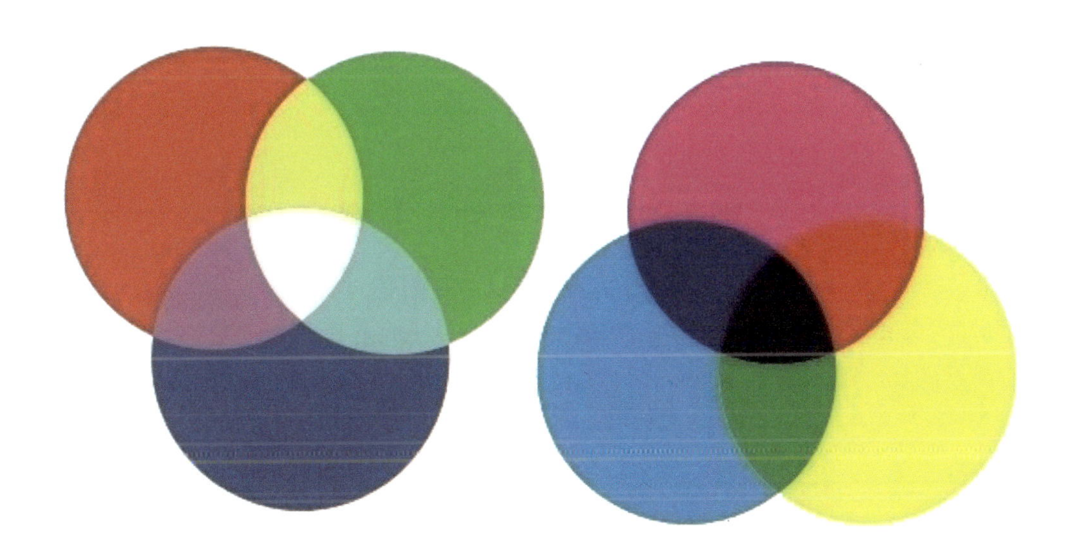

认识色彩——破解色彩密码

只要有了红、蓝、黄这三种颜色，通过相互叠加和混合就可以生成无数种色彩来。

我们小的时候学画水彩画，尝试过画各种颜色的苹果，这就是色彩带来的想象力——调色板就掌握在自己手中，可以任意抒发色彩带来的快乐和满足感。

色彩带来的这些感受，有的是特别的，可以有蓝色的月亮、紫色的雪山；但大多数是趋同的，代表着社会对色彩共同的认知。

纯度
黑、白、灰三种无彩色
有彩色加无彩色，纯度下降
纯度越低，色彩越暗沉或浅淡
纯度越高，色彩就越鲜艳

对色彩的研究，国际上有三大标准色彩体系：美国的 MUNSELL（孟赛尔）体系、德国的OSTWALD（奥斯特华德）体系和日本的PCCS（色研配色）体系。亚洲地区使用的是PCCS。

色彩的三个要素：色相、明度、纯度。

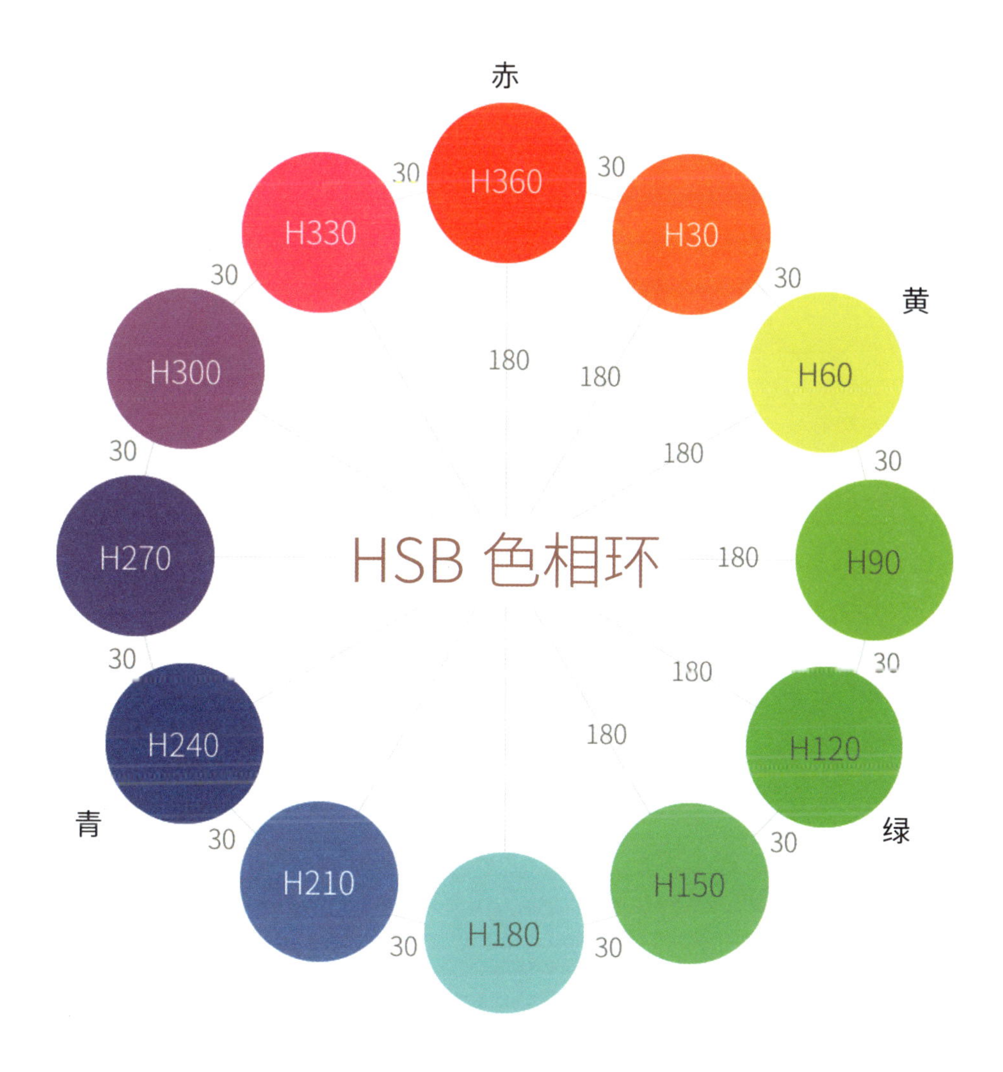

色彩是一门语言，是一门非常庞大的语言。这种语言有三个要素：第一个要素叫色相，就是色彩的名字，比如大红、朱红、海蓝、明黄，也就是我们常说的赤、橙、黄、绿、青、蓝、紫等。第二个要素是明度，是色彩深与浅的自由幅度。当色彩被添加白色的时候，亮度提高，呈现越来越浅淡的颜色；而在色彩中添加黑色时，会变得幽深暗沉，等等。第三个要素称为纯度，也叫彩度。纯度是指色彩含有单一色相的饱和程度。饱和度越高，色彩的情绪感越饱满；相反，饱和度越低，色彩的情绪感越弱。我们用情绪感的强弱来解释色彩，赋予它人性化特征，分析它与人的关系。

色眼识相

色彩无处不在。我们只需记住常用的、与自己的生活相关的色相名。认识色相的变化，感受它的不同，需要一双“好色”的眼睛。

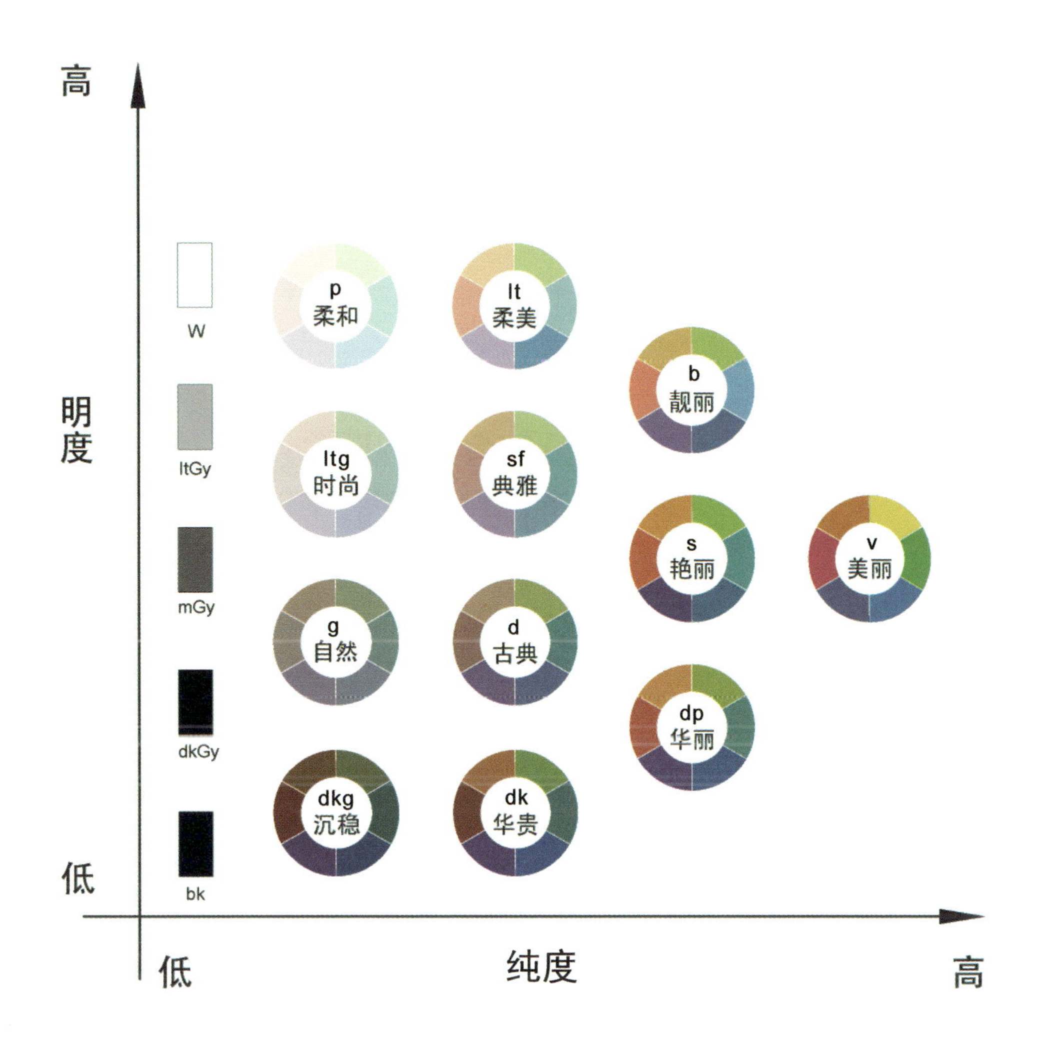

PCCS 坐标色调图

色调图横轴呈现出来的是色彩纯度，纵轴呈现出来的是色彩明度，它们的每一个交会点都会出现一种不同的色彩，即色相。

你看到颜色会联想吗
考考你的用色情商

Dante Gabriel Rossetti
但丁·加百利·罗塞蒂
A Vision of Fiammetta
《菲娅美达的幻象》

Gustav Klimt
古斯塔夫·克里姆特
Portrait of Adele Bloch-Bauer
《阿德勒·布洛赫-鲍尔夫人》

人类对红色的认识，源于原始的火焰和血液，所以对红色的印象是热烈的、强势的、侵略性的。感觉离火焰太近会被灼伤，离得远也有极强的温暖感。红色也有残酷的一面，红色让人联想到战争和血液，早年西方教会将红葡萄酒作为耶稣的圣血。许多国家不喜欢大面积使用红色，这是文化的不同。

中国人认为红色是吉祥喜庆的颜色，饱满的大红色也被称为中国红，各种庆贺的场面都少不了红色。在中国传统文化中，红色也有避邪的寓意，所以红色不仅是三原色之首，也是使用率最高的颜色之一。

大红色如果应用于居室装饰方面，过多会加重眼睛的负担，让人产生头晕目眩的感觉，因此不适合作为房间装饰的主色调。

黄色常使人联想到初升的太阳，带来温暖、明媚、洁净的感觉，也带来了高不可攀的感觉。黄色曾作为中国封建帝王的御用色，龙袍、龙椅均为黄色，皇帝以此告知子民：我是天子，天之骄子，太阳一样的黄色唯我独尊、独用、独享。那时如果谁敢在家里做件黄袍，是会被定为谋反篡位罪的，可想色彩多么重要。

黄色也会让人联想到向日葵、油菜花。黄色还代表着活泼、明朗和喜悦。中国的国旗是红色搭配黄色五角星，是饱和度极高、极为鲜艳的色彩组合。

蓝色是你的最爱吗
绿色真的能够养眼

Pablo Picasso
巴勃罗·毕加索
The Life
《人生》

Dante Gabriel Rossetti
但丁·加百利·罗塞蒂
The Day Dream
《白日梦》

人类多喜欢逐水而居，海洋的宽广，水的清凉、平静和涌动，让人们赋予蓝色宁静、理性、辽阔、深邃等种种含义。蔚蓝的天空，无边的宇宙，象征着理想和希望，所以蓝色也被誉为永恒、忠诚的颜色。

第一次世界大战后，西方国家有人把蓝色视为男孩的颜色，英、美一些国家称下班后的放松时间为“蓝色时间”，可见，色彩被赋予了很多人文含义。

蓝色和黄色混合可变成绿色。绿色是生命的象征。在漫长的冬季，大地被冰雪覆盖，而春天来临时，大片雪白色中隐约透出一抹绿色，让人倍觉生机无限、未来可期。绿色，会让人联想到森林、草原、发芽的庄稼，感到大地充满蓬勃生机。我们称保护环境为绿色环保，称无公害的食品为绿色食品，绿色也被人类赋予希望与和平的含义。

冷静的蓝和热情的红相加生成了紫色。这种颜色是大自然中原生态呈现较少的一种，是人眼可识别性很弱的一种色系，极不稳定；紫色的提取在技术上也比较难，所以人们觉得它贵重和神秘。

紫色象征幸运和财富、华贵和孤傲，紫色跨越了暖色和冷色的界限，具有与众不同的情调。

紫色女人的神秘感
橙色让谁跃动起来
白色永远是纯洁的象征

Claude Monet
克劳德 · 莫奈
Le Palais Contarini
《康塔里尼宫》

透过色彩能闻到果实的味道
无法言表的黑色不可忽视

我们讲的色彩，不是色彩的物理属性，不是光、色的本质的构成，更多的是色彩的人文情感，所有的光、色背后都有人类跟大自然相生相长的过程，都能衍生出情绪和情感。

陈求之
《好柿连连》

我们来看深圳著名画家陈求之先生的一幅油画，满眼橙色的柿子，给人生机勃勃的感觉。

红色加黄色生成了橙色。对橙色最原始的认识，来源于果实饱满和成熟。看见橙色，就容易联想到新鲜、饱满的刚刚成熟的味道，它是极能引起食欲的一种颜色。它不及红色强烈，又不如黄色明亮，介于两者之间。

人类对色彩的认知具有共性
民族、宗教、时代不同
色彩的象征意义也不尽相同

人们认识白色，来自皑皑白雪、朵朵白云。白色让人感觉纤尘不染、纯洁无瑕，所以人们赋予白色纯粹、纯洁的美誉。白色也有寒冷的感觉，就像冰美人，只可远观，不可触摸，是个有距离感的人物。

人类对黑色的认知来源于黑夜、暗夜，因为黑色掩盖一切，它既有丰富性，又有神秘感。黑色带来恐惧、担忧、不安和压抑感。

人类对色彩的认知差别是微小的
因为有共同的意识和共同的认知

这种共同的认知可以总括为本书第 11 页的 PCCS 坐标色调图。

Vincent Willem van Gogh
文森特·威廉·凡·高
Vase with Fifteen Sunflowers
《十五朵向日葵》

在人类共同的、集体无意识对色彩的认知过程中，人类了解色彩的来源和因缘不同。在世界各地，人种不同、文化不同，赋予色彩的象征意义也略有不同。比如黄色，中国人认为黄色是极为正面的，但是也有他国人认为黄色太过明亮，呈现出另外一种状态，是有些压迫感的。所以，有些人看凡·高的《十五朵向日葵》时，看到的是蓬勃的生命力，是生命的张力；有些人看时，有纠结、扭曲的压抑感。

色彩呈现出千变万化的色相，通过整合的色调图，就能够看到色彩的全貌，从而认识色调图的价值和意义。对于色彩，我们每天都能看到它，并在下意识地用它，它到底表达着什么？当你以一个实践者的身份走进色彩世界，就会发现它是一个庞大的语言体系。就像到一个新的地域、新的国度、新的世界，你需要一幅地图来帮你了解和认识它一样，在色彩世界，你需要色调图。

认识完色彩，我们还需了解12种色调
着色亦着调，牢牢记住它们的美感形容词
到那时，离随心所欲地穿出美丽就不远了
这不正是你想要的吗

北方民间称不靠谱的人为“不着调”，我们借用这句话称不靠色的人为不着“调”。这“调”就是色调图中的调性，了解12种不同的调性，解答困扰自己的问题：常用的颜色中，是否只有一种调性是我的唯一？

找到那个与自己最匹配的唯一，就能无限扩大，这是形象力的无穷魅力。

色调 12 韵——寻找属于你的花园

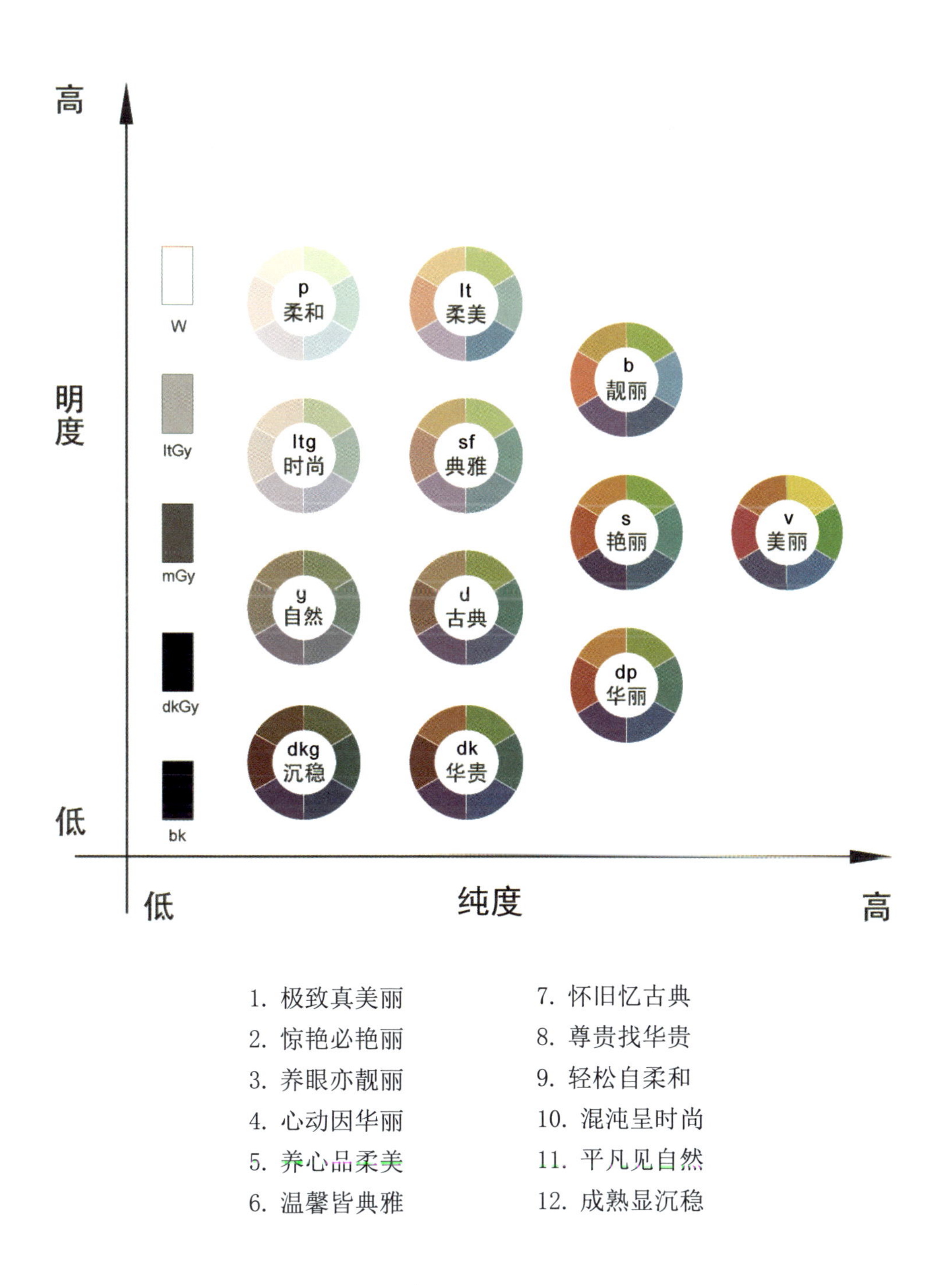

1. 极致真美丽
2. 惊艳必艳丽
3. 养眼亦靓丽
4. 心动因华丽
5. 养心品柔美
6. 温馨皆典雅
7. 怀旧忆古典
8. 尊贵找华贵
9. 轻松自柔和
10. 混沌呈时尚
11. 平凡见自然
12. 成熟显沉稳

艳丽和美丽这两种色调
是色彩最饱满、最热烈、最能吸引人眼球的颜色
一个人的美丽程度有多高
他的用色饱满度就可以有多高

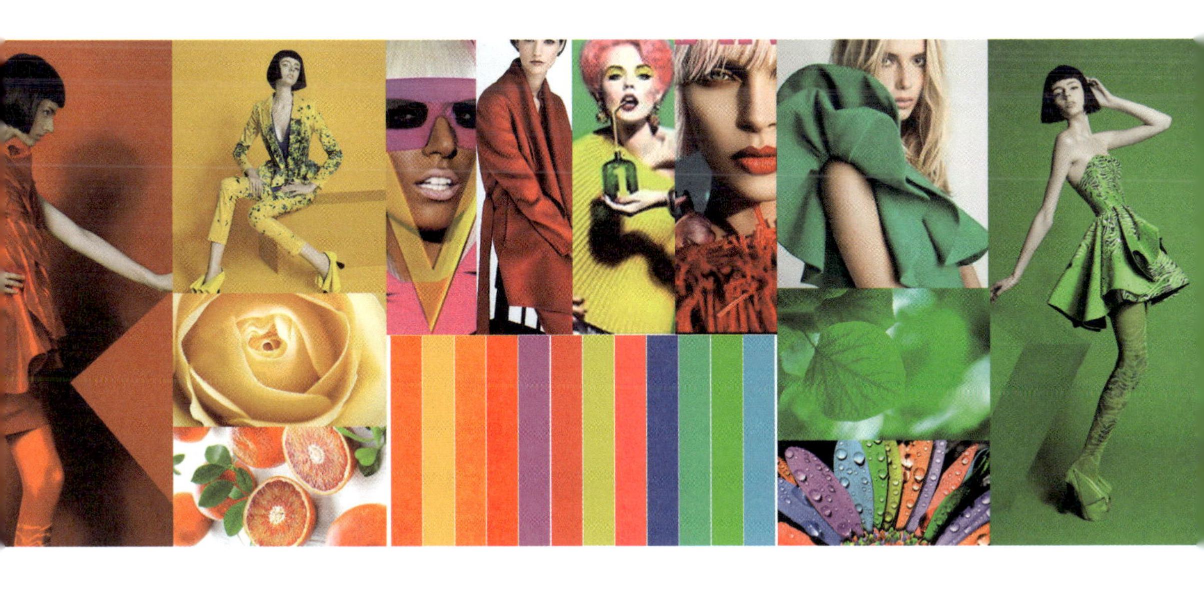

极致真美丽

在美感形容词里，请首先记住美丽调。

美丽在所有色调中具有最饱满的特质，所以要想有极致的美丽就要用极致美丽的色调呈现，这是色彩的美感。至于你能不能用，敢不敢用，那是由你跟色彩之间的关系、色彩跟场合的关系所决定的。但就色彩本身而言，最饱满的颜色是最美最艳的。正因为如此，我们才会喜欢色彩鲜艳的花朵，赞美秋天层林尽染的枫叶，去拍摄大片大片黄灿灿的油菜花。

惊艳必艳丽

色彩真正的美感实际上就是饱满，所以艳丽调和美丽调一眼就能看到，很抢眼、很惊艳，具有很强的鲜明感。但艳丽和美丽稍有区别，通常我们评价一个人，说她很美丽，会有一点年龄感。人们很少用美丽来夸年轻人，而是会用漂亮这个词。因为用美丽形容一个人时，会有一定的分量感，所以美丽并不是特别年轻的特质，也不是偏女性化的特质。艳丽的重量感和力度稍弱。在色调图上，美丽和艳丽的区别不是特别明显，所以可以把它们并行看待。

养眼是人类的普遍追求
心动是色彩的魅力所在

养眼亦靓丽

人们时常形容一群年轻姑娘的出现是一道亮丽的风景线，让人眼前一亮，愿意欣赏，非常养眼，这就是靓丽调带来的感觉。跟美丽、艳丽等词相比，靓丽一词有更年轻的特质，给人的感觉更轻快，更年轻，分量感和力度渐弱。

心动因华丽

华丽调给人一种触动感，使人愿意远远观赏，却不敢轻易抚摸和拥有。与美丽相比，华丽的年龄感增加了，华丽是一种加龄的、有底气的、有底蕴的美感。

养心是色彩的最高境界
优雅是女人极爱的点评
谁说色彩只是一种视觉享受
怀旧与复古始终如影随形

养心品柔美

柔美调，最显年轻，也最偏女性化特质。这个色调没有分量感，也没有距离感，让人看着舒服，养眼亦养心。从色调图上可以看出，这时的色彩开始慢慢走入中间位置，不太张扬，也不拘谨，最能表现女性独特的柔美感。

温馨皆典雅

典雅色调带来的感觉有点偏向年轻，但已经接近中年。有一点收敛，表达出的状态是既不做作也不保守，有一种女性独特的风韵和味道，让人能感受到温馨。典雅色调在色调图上也处于中间位置。

尊贵场合离不开华丽的色调
就像时尚从来都在混沌中徘徊一样
人们一直重视黑色的使用
是因为它带来不可替代的沉稳感

12 种不同的色调带来 12 种不同的感觉，12 种感觉的意义启示我们的美。

怀旧忆古典

古典色调是偏向成熟、有阅历和故事感的色调，有一点中性化，所以古典不是一种具有女性化特质的色调。

尊贵找华贵

华贵色调带来的感觉与华丽调不同，它没有那么突出的美丽呈现，但是有更多的分量感和尊贵感，所以华贵与华丽相比，显得更成熟、更稳定、更低调和柔和，同时更趋于中性化。

轻松自柔和

柔和调在所有的色彩里最为内敛，所以它的美感不多，但呈现出平和与干净的感觉，这是人在最轻松的状态下的一种感觉。一般是春夏外衣、睡衣和内衣常用的色彩。

混沌呈时尚

与柔和比较，时尚多了些美丽和年轻感，色彩有些混沌，有些都市化、小资的感觉，偏中性。

平凡见自然

中性感多来自自然调，它的成熟感更多一些。自然调是常规的、平凡的、不张扬亦不跳跃的色调，具备成熟而中性化的特质。

成熟显沉稳

最后一个色调是沉稳。它是明度和纯度最低的色彩，也是用深浅来衡量颜色时最深的颜色，呈现出最成熟、最男性化的特征。

参透色彩背后的意义

拿到第一把钥匙——玩转色彩

让我们共同打开色彩与人的关系这扇大门

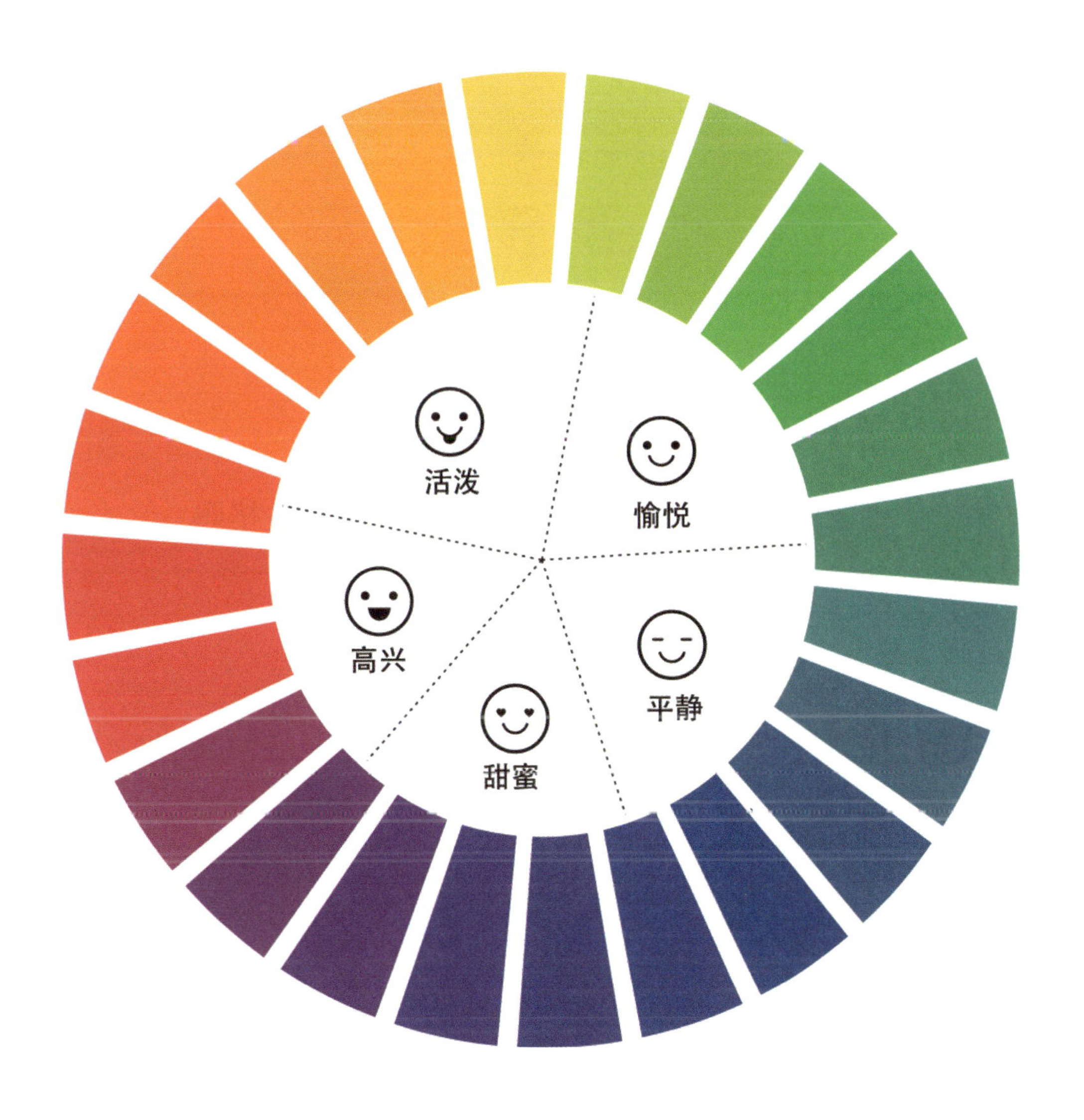

我们从哲学、心理学和美学的角度，对色彩体系做深入探索，比如什么样的色彩是外向的，什么样的色彩是内向的，什么时候需要由服装的色彩来表达我的外向或内向型性格？什么色彩显得年轻，什么色彩显得成熟？什么色彩偏女性化，什么色彩更偏中性化？什么色彩在秋冬季节看起来更温暖？什么色彩传递出华丽感？什么色彩有更多的柔美感？这些是我们用形象力理论对色彩与色调进行解读的角度。

你相信色彩也能表达人的内向或外向性格吗
偷偷对照一下身边人的穿衣风格
看看谁是偏内向的闷骚型
小心色彩暴露了你的小秘密

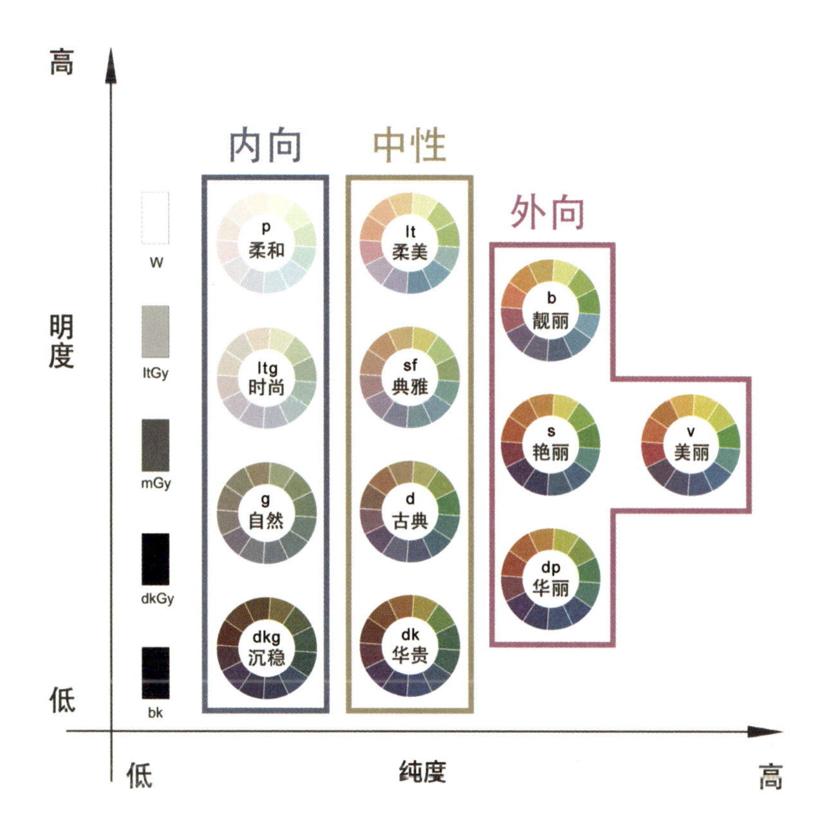

从色调图上可以看出，当色彩饱和程度很高的时候，纯度越高，色彩越鲜明，外向性格感特质越明显。外向感的特质是鲜明、活泼、张扬，极有张力。相反，色彩的饱和程度比较低的时候，色彩给人的感觉是内敛、含蓄、趋内向的。美丽 v、艳丽 s、靓丽 b、华丽 dp 呈现出色调外向特征，柔和 p、时尚 ltg、自然 g、沉稳 dkg 呈现出色调的内向特征；而柔美 lt、典雅 sf、古典 d 以及华贵 dk 所呈现出的是中性的色调性格特征。外向、内向、中性，这是色彩的三个性格特质。

外向的人跟色彩的外向特征更吻合，内向的人跟色彩的内向特征更匹配。但我们知道，世界上本没有人的性格是纯粹、百分之百的外向，也没有人的性格是纯粹、百分之百的内向，大部分人处于中间状态，所以可在不同的场景中用不同的色彩表达自己的感觉。

在大自然中、在户外休闲场合，人们的色彩表达通常都是非常外向的，因为大自然足够大，有足够的包容性，再张扬的色彩，再外向的色彩都会融于大自然的姹紫嫣红中，所以选择最美艳的服装都不为过。只要你愿意在人自然中打开心扉，与它紧紧拥抱，它强大的包容性会给人安全感。

生活中，人的性格大多是中性的

有时表现得外向些，有时又有点收敛

非常内向和非常外向的人属于少数

服装怎么选？不必纠结，因为最终呈现的视觉效果除了受色彩影响外，还受款式的影响，当把这些因素都加以考虑时，选择就会容易多了。

假如我们给《红楼梦》里的人物设计服饰、妆容，林黛玉和王熙凤的用色一定是不一样的，依据就是前者性格是内向型的，后者性格是外向型的。林黛玉的用色纯度要低，明度要高；而王熙凤的用色纯度要高，因为王熙凤出场是“未见其人，先闻其声”，要让观众对人物一出场就有深刻印象，色彩应是鲜明的。

一般外向型性格的色彩有一定的侵略性和攻击性，如果在一个很小的空间、严肃的场合或逻辑性很强、很理性的氛围中，服装色彩过于艳丽，过于外向和跳跃，会给周围的人造成不适之感，此时更适宜稍内向感的色彩。

服装对于我们，除了功能性需要
还要带来一种视觉效果
并由这种效果表达一种感觉
这种感觉替你说出了你想说但没说出来的话
这种感觉也暴露了你无意识的内心需求
宣泄了一种情绪

ALEXANDER
McQUEEN
EYES

色彩对人的情绪有一定影响
比如有些色彩能带来快乐感
有些色彩能带来忧伤感
有些色彩能带来其他感觉
这种感觉是人类共有的

色彩的情绪音符

当我们选择今天穿什么颜色的服装，或看到别人穿什么颜色的服装时，映入眼帘的色彩会带来一定的情绪感受：快乐、愉悦、忧郁、严肃等。

我们会惊奇地发现，当天气变化，外面阴雨连绵，在选择出门上班穿的外衣时，有些人会找出混沌的浊色服装来穿，因为，此时人的情绪没有阳光明媚时的舒畅愉悦。

更容易理解的就是人们在出席婚庆宴会、生日派对或葬礼时，对服装色彩更为注重，所选择的服装色彩一定是与情绪相吻合的。如果在葬礼上穿鲜亮色彩的服装，会与现场的情绪氛围格格不入，使人陷入尴尬和难堪的境地。

情绪是人类对色调的一种心理反应，最常出现的情绪有喜、怒、哀、乐。人在喜悦的时候是外向的，大部分人是喜形于色，少部分人会窃喜，要想烘托喜悦之情，可以选外向色调。

人们常说 “人有七情六欲”，“七情”中的“哀”是怎样的感觉？哀莫大于心死，不宣泄、不表达，非常深沉。“忧”和“哀”的区别是“哀”藏得更深些，“忧”比“哀”的情绪感受稍弱一点，在色彩的选择上明度略高，色彩稍浅。我们探索色彩与情绪的关系，对服装设计和环境设计的用色很有帮助。

怒，也是外向调性。与“怒”相比，“喜”更轻盈一些，更倾向于和谐，一派喜气洋洋的感觉，怒更沉重、更强烈一些。有一种审美标准叫“黑暗审美”。服装设计师亚历山大·麦昆的设计最大的特质是外向的，是怒的。我有一款他设计的丝巾，黑和红的颜色搭配，一半玫瑰一半骷髅的图案，形成典型的、有愤怒感的、强烈的对抗性。

中国人对喜的表达是非常纯粹的，一般不是红黑打底，而是一片红彤彤的，或红和橙、红和黄搭配，没有强烈对比，更多的是和谐感。但其实有时强烈的对比，也是一种美。

色彩能疗愈不良情绪
色彩能激发你的能量
色彩环境助自我救赎

Claude Monet
克劳德·莫奈
Haystacks
《干草垛》系列

认识颜色，调整色调
最终回归到生活中
放松紧张与亢奋的神经
调节纠结与忧虑的内心
释放压抑与不良的情绪

也许很多人会怀疑：已经够累了，压力很大了，哪有精力改变氛围以调整心情？但很多时候，人就是在不经意间，置入一个新的色调，这个色调让人的心情变得明朗。把纯度提高，明度提高，心情的明朗指数也随之提高。这种自我救赎，对情绪方面的自我诊疗和调整非常重要。

有人对色彩心理学做过很多研究。比如有些色弱的人，在他眼里，没有五彩斑斓，只有灰蒙蒙一片，淡淡的忧伤，而不是喜庆、欢快和明朗。而在一个伸手不见五指的暗夜，突如其来的雷电，给人的感觉就是惊恐、愤怒、压抑、仇恨的。在电影的表达方式里，表现一个人的内心情感，会把他置于一种特殊的光影情景中，使周围的色彩极为饱满，所以观众一目了然。电影是这样，音乐也是如此。比如大提琴、小提琴、中提琴的声音，它们能表达不同情绪，大提琴的声音厚重、低沉，让人感觉情绪很饱满，这需要纯度来保证。色调的道理与之相同，不同位置上有轻松、明快或深沉、悲怆感的色彩的加入，会产生不同感觉。

感觉灵敏的人，接触到的社会信息更多、更杂。很多时候，别人无心伤你，可能不经意间的一句话触碰了某个“点”，让你心生说不清、道不明的压力和焦虑。这时可以用色彩给自己设定一个情境，穿上浅淡、宽松、质感自然而舒适的服装，站到镜子前看看自己，通过服装调整情绪，然后找一个安全、合适的场合，听听舒缓的音乐，品品幽香的好茶，或做一束美丽的插花，都是很好的疗愈方法。

在充斥着欲望与梦想的焦躁的现代社会，想缓和一下，慢下来，懒散一下，享受一种若有若无的孤独时，决不能选择最艳丽的那种服装。

当觉得不能沉溺于安逸，需要振奋的时候，就要选择鲜明色调的服装。要有一种阳光明媚的感觉，可以穿完衣服照照镜子，给自己一个微笑。

这两种关于服装色彩的选择，在繁忙、浮躁的社会环境中，是一个非常好的调节器，不妨试一试。

这个世界很奇怪

女人总希望看上去更年轻

男人则希望看上去更成熟

色彩具备这种魔力

换件衣服瞬间就不一样了

为什么男人穿上粉红色就变“娘”了呢

现代大多数女性的审美是年轻为好，男性的审美是成熟为好。男性真正美的年龄，有时并不是他年轻的时候，而是而立之年后；相反，女性美的年龄是她年轻的时候。从色调图上看，女性的性别特质跟年龄感特质更接近，而男性的性别特质跟成熟感特质更接近。纯度和明度比较高的，都比较女性化；色彩偏暗沉的更中性化、知性化，同时更具男性化特征。

色彩除了外向和内向属性，还有年龄感。在十二色调图里，有七个色调给人的感觉是偏年轻的：柔和 p、柔美 lt、靓丽 b、美丽 v、艳丽 s、典雅 sf 和时尚 ltg ，它们具有轻盈感。在无彩色中，白是偏年轻感的，黑是偏成熟感的，但黑白相配则是偏年轻感的，所以大面积纯白的服装，或者浅到接近白色的服装，稍微有一点年龄感的人是不太适合的。青春少女的清纯常被人用“白衣飘飘”来形容，一条白色的连衣裙最能体现女孩子的特质了。

黑色是成熟、沉稳的标志性色彩，自然 g、古典 d、华丽 dp、华贵 dk、沉稳 dkg 具有较强的成熟感。初入职场的年轻男性，如果长着一张娃娃脸，会让人感觉太稚嫩而缺乏信任感，服装的颜色不能选用轻盈和外向的色调，要选择有成熟感的服饰来增加自己的年龄感。也就是说，在某种场合年龄不是优势时，我们可用加、减年龄感的方式来体现自己的年轻、轻盈或成熟、稳重。用不同的色彩在视觉上加龄或减龄，是可以自由应用的简便、有效的方法。

同时，色彩也是有性别感的，比如偏浅、偏艳的颜色更具个性化和女人味。假如去参加社交晚宴，想要出色，在选择礼服时，首选偏艳丽的颜色，通过这种艳丽增加女人味，或者选择偏浅的颜色，以体现女性在社交场合的柔美。

别让色彩替你说反话
喜欢的颜色一定代表你的内心
理性的色彩是冷静的

正因为人们看到色彩的变化并赋予色彩很强的情绪感表达，所以浅色的、饱和度和明度比较高的色彩就被用来形容感性的特征；相反，深色、无彩色给人们带来理性感受，也更多地用以形容和表达理性特征。

女人大多是感性的，男人大多是理性的。为什么说男儿有泪不轻弹？因为流眼泪是感性的事儿。以黄色、橙色、红色为主的暖基调都是感性的。冷基调中，以蓝色为主基调的是理性色，紫色偏向于理性，而以绿色为主基调的感性和理性的偏向不明确，无彩色的黑、白、灰全部具有理性的特质。

提到蓝色就会想到天空和大海，纯净的蓝色给人安静、理智、沉稳的感觉，所以工业设计、科技企业的logo大多采用蓝色，表达严谨的科学态度。

人有偏感性的，也有偏理性的。不同的人对感性和理性的解读不同，从个性化和共性化这个方面来看，我们认为感性的个性化特质更明显，而理性更群体化些。评价一个人很理性，不是说他没有个性，而是他的特质里有更多共性，比如办事公平、公正，比如喜欢逻辑推理，愿意用道理来说明事情。由此，有人认为相对于感性，理性更具客观性。

看色调图，柔和p、柔美lt、靓丽b、美丽v、艳丽s、典雅sf给人的感觉是女性化的，每种色彩都有极强的个性；从时尚ltg、古典d、华丽dp等中性感色调，到自然g、华贵dk、沉稳dkg等男性化色调，所有的色彩个性都不明显了，更多的是共性。同时，色调外向的时候，偏个性化和感性化；内向的色调，纯度低时，偏共性化和理性化。

大自然非常包容，有彩色里感性色彩偏多，无彩色里全是理性的，所以男士的职场着装颜色，公认的先选黑、白、灰、蓝，然后是接近有彩色和无彩色的中性色：米色、咖啡色和驼色。

男人和女人在家庭问题的沟通中经常会出现差异，因为女性的沟通表达方式大多是情绪化、形象化的，而男性的表达方式大多是逻辑化的。但实际上，在家庭关系里没有逻辑可言，也没有道理可讲，所以在家事的沟通中，女性更占优势。

有人说胖人穿黑色衣服显瘦
可是胖人穿深色衣服显得很笨重
这是服装色彩带来的重量感
也许，轻快些比显瘦更重要

充分运用色彩带来的不同感觉，在生活中很常见，在服装设计、室内装修、产品包装等方面也非常实用。千万不要被一些观点误导，而一味地追求不切实际的美。色彩带来的视觉感受有轻重感，在特定场合哪一种视觉感受对你更重要才是关键。

色彩的视觉感受

色彩的重量感跟色彩的明、暗分类是高度一致的，浅的轻盈，深的沉重。

民用航空公司很少在飞机上大面积喷涂深色的图案。设想一下，如果机身上涂的都是如同战斗机一样的暗绿色，会看起来很重。其实颜色并不真正影响飞机重量和起飞速度，但是在视觉上会觉得这架飞机太沉重了，从而怀疑它会有危险。

平时，人们习惯穿上面浅色、下面深色的着装，会觉得这样比较稳定；如果换成上深下浅的颜色，会觉得整个人上重下轻，打破了稳定感，变得活泼和跳跃。这一点告诉我们，如果很胖的人穿一身黑色会显得很笨重，索性可以选择下身穿浅颜色，让自己显得活泼一点。

当然，不仅上装和下装要合理搭配，头发的颜色、帽子和鞋的颜色也要在整体上构成可识别的色彩关系，从而产生视觉上的轻重感。比如上身穿黑色的大毛衣，配雪白的打底裤和白色的球鞋，这时人看起来有些不稳定，但如果换一双黑色小短靴，不稳定感就会消除，因为黑色鞋子加重了下部的重量感。举一反三，可以通过改变颜色来调整视觉效果。

谨慎购买内搭
即使没钱买质地最好的衣服
也不能买看起来廉价的

了解色调的质感，质感本是一种紧密感。利用色彩的视觉效果，可以把价格并不高的衣服穿出高级感。因为眼睛会欺骗人，可以利用色彩的规律去制造一些真相或者假象。

色彩的质感，对服装很重要。一件衣服最重要的通常是色彩、款式和面料。面料质地好坏应该是通过触感获得的，但色彩的不同，能在视觉上造成误差。相同面料，深色、艳色看起来质地华丽、精细、贵气且有厚重感，而浅色则看起来轻薄、廉价，质感一般。

建议购买内搭时不要买白色、浅粉色和肉色的，因为没有质感。许多女孩子的内衣是白色或肉色，因为作为内衣感觉干净舒适。如果颜色换成黑色就会感觉不像内衣了，可以作为一种内搭或运动装来穿，产生内衣外穿的效果。这就是色彩带来的质感，区分了内搭与内衣。

在所有的色调里，一般好质感是深色和艳色的。在明度方面，深色更具厚重感。人们常说“浅薄”，所以浅色服装一定要选择好的面料，否则会让人感觉廉价。

男人一定要有几件白衬衫，因为实用

白衬衫一定要高支棉，因为有质感

女人一定要有一件白衬衫，因为百搭

白衬衫一定要好的面料，因为不能看起来廉价一件白衬衫配西装裙是职场女白领最简单和标准的职业装，但许多人不注意白衬衫的品质，导致整体没有高级感。巧妙的搭配是个技术活。

一条裙子上有豹纹拼白色蕾丝，貌似带来华丽和华贵的感觉。混搭形成了强烈的对比，蕾丝是一种精细的面料，本身质感很好，但是白色把蕾丝的质感减弱了，感觉这条裙子不高档，只适合一些个性较强的人，比如年轻新贵，既有年轻呼应白蕾丝，又有新贵呼应豹纹。这条裙子整体看起来廉价，两种面料的拼接和使用是一个败笔。

对于女性来说，内搭的颜色是非常容易体现质感的。穿衣最好看的地方在脸的周围，对于东方人的五官来说，用色关系有三层：一是皮肤、眉毛和眼球的颜色，二是头发颜色，三是唇色。所以全身有两到三种颜色会更好看，唯一要注意的就是打底衫，打底衫不再只用作保暖，而是要形成服装搭配的层次感。这种层次感很重要，如果打底的衣服视觉质感好，外面的衣服再随意也是一种有品位的随意，一种高级的随意；如果打底衫颜色比较浅，感觉质地不好，外衣再华丽，也会给人一种浅薄的感觉，像露了马脚似的。

男性选用白色衬衫更是要注重面料的质量，一定要选择高支棉，否则会降低衬衫的质感。

色彩的冷暖有时会骗人
温度感跟季节、环境的关系很密切
色彩因光的反射和吸收能带来冷暖感
色彩也因这种感受带来视觉上的温度感

色调有冷色调与暖色调之分，即色彩温度感。人的皮肤也有冷暖之分，这和遗传有一定关系。暖型皮肤的人与暖色调更相融，冷色调更适合冷型皮肤的人。认知有一些共性，我希望能找到规律，以便适应和进行逆向思考。

色调有冷色调与暖色调之分，即色彩温度感。春夏服装流行的颜色是偏浅的，不会是偏深的；而秋冬流行的颜色是偏深的，而非偏浅的。我有一件从意大利买回来的长羽绒大衣，很暖和，是雪白的颜色。有一次穿回北京过年，在大院里遇到两位从小看着我长大的大妈，无一例外地都握着我的手问："闺女，你冷吗？"我每次都会把手套摘下来，握着大妈的手说："阿姨，不冷，您看我的手多暖和呀！"也就是说，人的温度感本来是触摸后得到的体表感觉，但是视觉色彩给了它极强的温度错觉，所以色调图里浅的和艳的颜色有凉快的感觉，而深的和浊的颜色则有温暖感。

色彩的温度感在室内设计中应用得很普遍，对于卧室的颜色，南方人和北方人的喜好就有很大的差别。假如在寒冷的冬日，去哈尔滨的亚布力滑雪，外面零下二十几摄氏度，冻了一两个小时，回到酒店休息时，让你选一个房间休息，一个是地中海风情，满眼蓝白；另一个是古典的欧式装饰，墙上镶着假壁炉，你会选哪个房间呢？你一定会选有假壁炉的那个房间。尽管室内温度一样，但还是厚重、深色的欧式家私让人更觉温暖。

同样道理，服装陈列、家居装修，按照色彩带来的温度感来做会更好。在深圳，大部分家装要求是更清爽凉快。曾有一名学生，他学了色彩的属性后，回家换了一样东西，解决了一个看似不起眼的难题。他说他家曾请过三个保姆，辞职的原因都是他家太热了，受不了。他家是两层复式房，最主要的原因是朝南有很大的落地玻璃窗，夏日阳光直射，玻璃窗和窗帘用的全都是暖色调，他把玻璃和窗帘都换成冷色调以后，保姆也不喊热了。所以建议在秋冬的时候，窗帘、床品、布艺沙发套用温暖的色调；而春夏的时候，室内的色彩尽量转为冷色调。

有时候同样都是海滨城市，比如深圳和青岛，但在深圳买的衣服到青岛穿就不好看，这和太阳的远近没关系，而是和太阳照射的高度角有关系。深圳的光照更强烈，青岛的阳光稍弱。青岛早期的城市建设是德国人做的，德国人爱的是绿树红墙，使用的颜色是偏温暖的。在深圳，如果使用同样的红色，看上去就会不舒服，所以要加上点冷色调。

比如绿色，加了黄色，明亮度比较高。绿色本来就是黄色加蓝色调出来的，多加点黄色就可能是苹果绿的暖绿，多加点蓝色就能变成冷色调松柏绿，温度感也随之发生变化。

温度有感，冷暖自知否

通常包容性强的色彩让人感觉更温暖，而鲜明感强的色彩让人感觉更凉爽，所以色调浅的凉、深的暖，艳的凉、浊的暖。从服装的角度来讲，它有两季色彩，大牌服装一般分为两个季节，一个是春夏，另一个是秋冬，流行趋势一般是：春夏浅、秋冬深，或是春夏艳、秋冬浊。浅色是高明度的，是凉爽的感觉；深色是低明度的，是温暖的感觉。

米白、淡黄、象牙白色的服装有休闲感。会不会有一种鲜明的搭配，能有休闲感和舒适感，同时人的气色也好呢？

色彩世界很庞大，每个人与生俱来也有一个小的色彩世界。虽然我们都是黄种人，但头发、眼球以及皮肤的颜色略有不同，如何认识自己的色彩世界？我的色彩是怎样的，是冷的还是暖的？人的肤色由黑色素的分泌量多寡和分布状态不同所决定，由于角质层的薄厚不同，真皮中的胶原纤维和血液的充盈程度都会对肤色产生影响，这决定了同一种颜色与同一人种的匹配度不同，这是很容易被忽略和难以把握的用色问题。之所以被忽略，是因为我们每天都在穿衣，好像会穿衣，可某一天看似容光焕发，某一天脸色黯淡无光，殊不知是衣服的颜色造成的。之所以说难以把握，是因为专业性很强，不经专业指导，单凭经验和感觉会不知所以然。我们编写这本书的目的，就是希望用通俗易懂的方法传达看似神秘而深奥的知识，帮助人们认识自我，找到属于自己的色彩。

暖型人的特点：肤色看起来泛粉红和黄白，所以也可以归为浅、柔型人。

冷型人的特点：肤色呈青黄色、无血色的白和灰红，归为深、净型人（后文会详细介绍）。

冷型人与冷色调更匹配，暖型人与暖色调更相融。

如选择“典雅”色调的服装，暖型人应选含黄色的湖蓝色，而冷型人穿含蓝色的黄色会更好看。

下颌骨较宽的人，要减少脸部周围浅色物的围绕
柔和、柔美浅色的膨胀感
会在不经意间出卖你
因为你没有鹅蛋形的脸蛋

色彩的高明度带来的是膨胀感。一般来说，主持和演讲者的着装，都不宜在脸周围用大面积雪白色的服饰。早年上台演讲的人，喜欢穿很炫、很有存在感颜色的服装。当一个人的才华不足、自信心不足的时候，特别需要别人看见他，但是在脸周围用大面积过浅颜色的服饰，膨胀感会使脸部看上去变形，下颌骨变大，五官不清晰，所以用色，尤其是面部周围的用色要因人而异。

浅色有膨胀感，深色有收缩感，艳色有膨胀感，浊色有收缩感。这种感觉与质感类似。深色的服装在视觉上有收缩的感觉，也就是人们常说穿黑色衣服显瘦的原因，那么是否单靠颜色就能准确地选择服装了呢？没那么简单，还要考虑其他因素，比如款式、风格，后文会一一破解它们的密码。

我们先种下色彩这颗种子，它会慢慢生长，也许你还不知道怎么应用，但是有一天它开花了，绚烂如云，会给你带来一种美好的感觉。当你对色彩认识得越来越清楚，越来越愿意品鉴别人的色彩情趣时，你的色彩感就来了。我一直说：“玩转色彩，绘制‘出色’人生，那就是最大的收获。”

玩转色彩，做一次“出色”的人生选择
色彩是用来美化人生的

了解色彩的属性，是因为看一件服装，颜色最先映入眼帘，色彩带来的视觉冲击力最大、最明显，找到最适合自己的色彩后，衣服就穿对了一半。

Claude Monet
克劳德·莫奈
Rouen Cathedral
《鲁昂大教堂》

看懂了色彩，参透了色调的美感形容词

就能明白很多事情

色彩，不仅可以应用于服装，还可以应用于装点自己的小屋等其他物品的搭色设计。也许你不曾想过，但当你把色调的表达和色彩的属性应用于自己的穿衣实践时，智慧之窗忽然被打开：原来色彩可以这样“玩”！因为你在不知不觉中已经把心理学、美学和管理学的知识综合起来解读色彩了，所以你已经是一个色彩搭配的高手了。

12种色调涵盖了所有的色彩，这在服装、家私、装潢设计领域已得到认同。读懂了12种色调，在面对400多种颜色时，非专业人士也能准确地找到自己想要的那种颜色。

唱歌时，7个不同的音符在同一调性中才能唱出最美的歌，音准有问题就叫跑调。色调也一样，颜色不同，色调统一，才能搭配和谐。

色彩的人文属性也在12种色调中得到了诠释。

色调是各种色彩的共性元素在纯度和明度坐标点上的不同色相，共同承担着同一类呈现功能。

在色彩中，浅红、浅绿、深紫等属于共性元素。当你能看到色彩的美、明白色彩的属性时，相信你便可以把它当作工具来用，这就是色调的核心价值。

色彩背景下的人与肤色

所有的色彩都是美的

只是有些色彩跟你更匹配

那些匹配的，就是你的色彩花园

人是有颜色的，不同肤色、不同种族、不同信仰的人对颜色的应用有不同的喜好，但颜色给人带来的视觉效果是一致的。

玩转色彩——让你的人生更出色

现在许多人在着装方面已经从之前完全找不着北，开始慢慢进入自我表达阶段。

曾有一位购买力很强的朋友到一个品牌服装店试衣服，有一位很专业的服饰顾问从客观理性的角度告诉她："你应该穿那件，那件更漂亮。"那位朋友说："我不在乎穿得漂不漂亮，只在乎我喜不喜欢！"的确，现今许多人穿衣不在于取悦别人而在于取悦自己，尤其是进入中年后，购买力最强的这群人，选择服装的标准是自己喜不喜欢，这件衣服能不能表达自己的内心。所以顾客会说："我知道这样穿漂亮，可是我不愿意。"这是一种正确的穿衣态度，在形象力的理论体系里，服装就是一个道场，美就是一个道场，在这个道场里的人内外兼修。

美、特质，一定是跟"我"有关，同时也跟环境有关。过于感性化或理性化的东西，就会让人觉得"跟我没关系"，所以是否"美"和"好"关键在于跟"我"有没有关系。认识色彩，认识色彩与自己相关的美感，做出最美的选择，始终是我们的课题。

大自然虽然缤纷多彩，但是在人文世界里，色彩相对单一。在我们的成长过程中，缺失了对色彩最敏感、最敏锐、最有感觉的一段时间，使人在长大以后，想更深入地了解这个世界，向内探求自己的小宇宙，品尝精神上的盛宴和佳酿时，才意识到色彩是一个绕不过去、极具说服力、标识性很强的语言体系，这才试图去了解它。

大部分人穿衣、戴帽，一生遵循着世界给定的规则行事，企图不出错，妄图不出错，其实已经折掉了自己的翅膀，给自己设立了一个玻璃天花板。

我们的课题为"出色的人生选择"，是教人们认识色彩，找到在不同场合、时段，与自己相关的色彩，并由它来表达自己的内心情感，使自己更"出色"。

人的肤色与五官决定人的用色规律

色彩有明度，明度在人的视觉上排第一位。五官颜色可通过化妆术改变。

从人类学角度来看，不同人种不仅皮肤颜色不同，五官也有很大差异。白种人跟黄种人、黑种人最大的不同是鼻梁很高，脸的轮廓分明，脸小、立体、上镜，这是他们最大的特质。黑种人除了皮肤黑以外，唇厚，鼻梁较低（相对于白种人来说），鼻梁较低的原因是在热带，不需要很高的鼻腔通道来给空气加温。黄种人，顾名思义，皮肤偏黄，五官柔和，脸部比较扁平。

每个人都是有颜色的，不能简简单单地应用颜色，还要看五官的感觉。

黄种人较好的肤色是橙粉色。小婴儿一出生，通常会被形容为“粉嘟嘟的”，白里透点红。但白种人的小婴儿的粉嘟嘟，是白加冷红；我们的小婴儿是白加橙红，就是橙粉色，因为黄种人的肤色底色是橙色。

这里有两个概念：第一是色彩有明度，明度在人的视觉上排第一位（人的肤色深或浅，要看皮肤里的黑色素是多还是少），排第二位的是色相。第二是肤质，肤质分为粗和细两种。细的看起来薄，反射率高，显白，就是细皮嫩肉的那种；厚的看起来粗，吸光，显黑。这些是皮肤的质感。

所以说人和色彩的关系与肤色、肤质有关，而更明显的视觉差别是肤色的深或浅，另外还要看五官的颜色。

五官颜色包括眼球的颜色、唇色和鼻梁高低、轮廓阴影的深浅。

五官颜色可通过化妆术来调整，甚至完全改变。化妆术运用色彩明暗、阴影的关系，使人在视觉上呈现出另一种状态。虽然可以用色彩塑造五官，但五官是自带颜色的。从这个角度，就能理解什么叫五官颜色了。

五官的重点是眼睛。眼睛的形和神有别。形是黑白的显色，可以戴美瞳改变。双目对视，第一眼看到的不是眼睛的色彩，而是眼睛的神韵。

再看人体色。人体色里最重要的就是毛发色。为什么中国人穿黑色好看？重要原因是中国人的头发是黑的，眼球颜色大多数都偏黑，眼球越黑，眼神越有锐利感，越能把黑色服装穿得好看。

可见这个世界上最复杂的是人。

美跟“我”有关，“我”跟环境有关

为了便于了解人与色调、色彩的匹配度，我们把人简单分成深、浅、净、柔四种类型。深、浅指皮肤颜色，净、柔指五官的比例与轮廓的清晰程度以及同眼球、头发色彩的关系。

我们也可以把人作为一个色调来看，有的人的色调叫典雅，这个色调的人，给人的感觉是皮肤偏浅、五官偏柔；有的人第一眼看起来就觉得非常打眼，他们的色调就是艳丽，也是非常“净”的那种人。通常“净”的人是第一眼的美女，“柔”的人是第二眼的美女。人们所说的这个人很耐看，就是不那么外向、不那么有张力，但细细品来却很有味道，这是中国人传统的审美。随着现代国际化、扁平化时代的来临，许多人希望自己成为第一眼的美女，因此用一些手段，如用强烈的色彩、现代的化妆术等。但如果使用的色调不适合自己，那么始终是舞台效果，是与本人游离的。

实验发现，“净”型人和外向型色彩较匹配，“柔”型人可能跟内向型色彩更匹配。因为人的性格不是绝对的外向或者内向，这就告诉我们：想“收”时向内向型靠拢，选择偏柔和的色彩，想“放”时用外向型色彩表达。

深、浅、净、柔其实是两个维度，再加上复杂度和秩序度等，就有很多个维度了。许多人在接触这个领域或者接受这些规则的时候，面临如何找准定位的重要问题。如果在寻找自己的坐标系时会困惑，那么在使用色调图的时候就会不准确，所以了解自己，在看似复杂的维度中用最简单的办法来区分是问题的关键。

人的肤色与面容是用来划分人的外表的
不是用来划分内心的

每种类型都有独特的美感，使用与自己的美感匹配度高的色调就能凸显自己的美；否则，就可能削弱自己的特点和美。

深、浅、净、柔这种分类比较简单，很容易与色调对接。深、浅大多是指人的肤色，人的肤色是有深、浅之分的。眼睛、头发的颜色和五官呈现净、柔的状态，净、柔大多是指色彩和色彩的关系，通常我们把对比度高的，就是清晰、明快的色彩关系称为净；把色彩对比度偏低的，不那么清晰、明快的色彩关系称为柔。

相对于欧美人的五官来说，东方人的五官是较柔和的。可以根据这一点确定一个简单的划分方式：五官立体感很强，且色彩的对比度很高，就是“净”；五官的立体感没那么强，色彩的对比度也没那么高的，就是“柔”。

五官的立体感和五官色彩的对比度是有区别的。比如说一个白种人，虽然五官比较立体，金发碧眼，但皮肤是非常浅的颜色，应是“柔”而不是“净”。首要判断标准还是色彩关系，童话中的白雪公主，雪白的脸、乌黑的头发，这种就属于“净”，对比非常清晰、明快。

如果要在演艺圈中找“净”的典型，那就是李冰冰。无论是她自身的长相还是经过后期处理的照片，突显的效果其实都是“净”。

现在流行戴美瞳，最大的作用就是改变瞳孔的颜色。染发、化妆增加了对比度，在颜色方面做加法，底色的对比度就会变化，先前的“柔”就可能变成“净”了。

因为深、浅、净、柔的不同，颜色和色调有差异，审美也会有变化。比如说迈克尔·杰克逊，他的皮肤颜色本来是黑色的，后来变成白色的，视觉上有了改变，变得更立体，他也就由“柔”变成了“净”，由“深”变成了“浅”。

西方有些人以日光浴的方式把皮肤晒成黑色或棕红色，这是一段时间内流行的审美风尚。今天的欧洲可能会以黑为美，但是十八十九世纪是以白为美的，因为那个时代的贵族出入都有遮蔽，皮肤白，说明生活优越。到了后工业时代，人们更喜欢炫耀“我能挣钱，还有时间去度假，让阳光吻在我的脸上”的生活，于是皮肤颜色变深了。比如安吉丽娜·朱莉，她是白种人，浓眉大眼，她的五官是需要“净”的，当“净”和“白”结合在一起的时候，会发现张力不够。安吉丽娜·朱莉通过各种光照手段变成深色皮肤，让这种“净”更有力量。

奥黛丽·赫本是全世界公认的女神
她是“净”还是“柔”呢

“净”和“柔”都不是绝对的，不是一成不变的，“深”“浅”“净”“柔”没有好坏之分，只是每个人特点不同，当色彩与人高度匹配时，美就在其中了。

“净”的人很难有雅致感，因对比强烈，显得五官很突出，比如说奥黛丽·赫本。但为什么她被很多人推崇为雅致的代表人物呢？优雅是一种态度。奥黛丽·赫本的优雅来源于她的教养、神情和姿态，并不来自她的五官。奥黛丽·赫本的五官，眼睛明亮，眼神干净且直接，眉毛和红唇线条明晰，有很多小细节值得品味，但她的笑容却是羞涩的，可见她内心纯净、善良。她练了多年的芭蕾舞，举手投足之间无不体现着优雅。

这也告诉我们，“净”和“柔”都不是绝对的，不是一成不变的，没有好坏之分，只是特点不同。

人的“深”“浅”“净”“柔”的基础从出生时就已经存在了，后天可以通过很多方式改善。色调选择跟人的性格有关，所以我们强调外在跟内心要高度和谐，才能使别人觉得你是完整、统一、好看又耐看的。

深色可以增加力量感

浅色可以增加柔美度

再美的战袍套在懦夫身上也是摆设

再柔的纱衣穿在女汉子身上都不融洽

改变从内心做起

其实对“深”“浅”“净”“柔”的研究，我最早接触到的案例是当时可口可乐在中国做的广告。可口可乐的瓶子很多用的是暗色以及黑和红的对比，它可以呈现力量感。如果可口可乐用一个白色的基底加上红色，你会发现它其实是缺少生命力的。而矿泉水的瓶子都是浅色的，它会显得更纯净。可口可乐是许多人运动后喜欢喝的饮料，所以它的包装一定要表现出力量感，一定要有冲突和冲撞感，最好的视觉冲撞是在深色和艳色之间产生的。

在某种意义上，我们定义“净”和“柔”的方式不能完全涵盖对人的划分。“净”和“柔”更多的是一个生理上的问题，是人外在的、表象的东西。外表是生理的，是与生俱来的，通常西亚人、南美人是“净”的。凡是“净”的这类人，男性一般都比较美，女性到了极致以后可能会出现中性化特点。

东方审美认为，男人和女人，像阳和阴、乾和坤、天和地一样，是有区别的。这种审美观念，觉得女性应更柔，所以中国人说最好的女人是似水柔情，五官不鲜明并不是件糟糕的事。真长得像白雪公主一样的人很少，大部分皮肤白的人毛发的颜色也是偏浅的。在先天的部分里面我们会加很多后天的改造，可以通过调节自身的深、浅、净、柔来改变，比如通过染发、化妆等手段可以改变生理色。

审美跟文化类型有关，跟文化程度无关
告诉妈妈，老人不适宜染黑色头发
色彩搭配优先考虑“净”或“柔”
其次考虑和肤色“深”“浅”的关系

说到染发，我们不建议老年人把头发染成深黑色。老年人头发变白是衰老的一种表现，眼球的颜色也越来越淡，毛发越来越稀疏，面部会越来越柔和，同时体现出老人的慈祥美。我们会觉得白发苍苍的慈祥老人是美的，而且有时候一头白发会更加凸显出童颜。所以有时满头银丝的人会显得年轻。也有很多老年人不愿意接受自己的白发，那么染比较柔和的颜色，比如棕色的、红色的都好过生硬的黑色，黑色会反衬面部使之更显老。

当我们了解到可以用其他的方式使整体基调变化的时候，心态上应该有一个缓冲带，这样才能找到更好的方法。

在国外旅行，欧美女人会在沙滩上享受日光浴；中国女孩会把遮阳伞打好，害怕晒黑。中国人认为白是一件美好的事情，所以化妆品广告，以宣传美白特效的最多。这就是审美在不同文化里面的差异。

这个问题又回到了审美。审美是什么？每个时代有每个时代对审美不同的认识，今天的审美标准是：最适合你的，才是最好的。

自己是“净”是“柔”，是“深”是“浅”无从选择，但各有各的美感，我们要掌握的是，如何将这不同的美用色彩更好地衬托出来。

比如黑人朋友穿颜色特别亮的、鲜艳的衣服就非常好看。

如何通过“净”和“柔”的关系让你的“深”和“浅”都美得恰到好处，是我们关心和要解决的问题。如果这个人本身就是浅柔的，却穿了一身黑色衣服，想让自己显得很白，但会缺少力量感，虽然显白了但是不美了，因为“净”和“柔”与色彩间存在着一种美学关系，这种美学关系叫“合适”。

人们搭配不同的颜色，无外乎是想把自己最美好的一面突显出来，从白皮肤是美的这种标准来讲，想让自己显得更白，就用深色调。东方人穿黑色会很好看，因为跟黑头发、黑眼球能形成呼应，跟皮肤对比显得很干净，这种黑就变成一种美，这是增加对比度带来的效果。让黑更黑、白更白，同时这两者结合在一起便是干净的颜色。选择搭配的时候先不用想自己是“深”还是“浅”，而应该考虑是“净”还是“柔”，而后再加上肤色深浅之间的关系，所以认清“净”和“柔”是更重要的，它决定了搭配关系。

如何让黑美人更漂亮

如何让你看上去更白皙

如何让“净”的你更干练或隐藏那一点点的锋芒

如何让“柔”的你变成野性玫瑰或化作优雅女神

皮肤颜色深的人是不是一定要穿黑的才好看？这个时候就要看审美，中国人的审美是一种中庸状态，所以皮肤黑的人可能需要一些亮色或浅色来形成对比，这样看起来有干净利落的感觉。如果皮肤较白，想显得更白就应该用深色，深和浅的对比会使人显得更白净，变成野性玫瑰或优雅女神。

四种不同风格的人可以通过色彩搭配变得更“净”或者更“柔”，在色调图中是有规律可循的。

“净”，无非就是对比度更高，所以“净”的人所使用的色彩，一定要色差幅度大，色调的距离远，形成冲撞感和力量感。如果五官是“净”的，内心想要塑造比较“柔”的形象，色调就要选相近的，妆容也应该柔和，避免浓眉和大红唇。

而“柔”的人，建议色彩搭配不对比、不强调、不对抗，色差幅度要小，色调距离要近，让柔和达到一个合适的度。

但如果五官比较“柔”，内心却想显得比较“净”，那可以通过一些方式来改变，如一头乌黑的头发，眉毛画浓一点，这时表象和内心的想法比较一致；也可以按照“净”的方式选择色彩搭配，即便在同一个色调里也要选择有冲突的色相。

色调图是个时尚宝典

为什么强调色调图的应用

因为如果能读懂，它就是个宝典

和谐是美，对立冲突也是美

色彩搭配和弦——主色调统一

人们穿衣总是非常关心怎样搭配，从专业的角度讲，没有一件服装跟另外一件服装是不能搭的，只要有足够的材料，它一定可以搭配出美来。

这首先需要读懂色调图，直观地感受什么叫色调。大部分人讲搭配都说什么颜色搭什么颜色，我们讲的不是一个简单的颜色搭配问题，而是主张什么颜色都可以搭，就看在哪个色调上，然后再学会怎么去搭配。

和谐关系是美，在一个色相环中，明度和纯度是一致的，所以在同一个色调图里面怎么搭都很美。“柔”的人既不能选择太沉、太暗的颜色，也不能选择纯度太高、色彩太艳的颜色，和谐美很重要。

对立统一关系也是美，色调当中对立统一的美感，是重要的规则之一。“净”的人使用的色调距离要比较远，对比就会强烈，就会突出“净”的风格；“净”的人是秩序度第一，复杂度第二，强调冲突对立的感觉。

所有搭配关系都希望服装是一个语言或者符号，所要表达的是一个真实的自我，当服装的语言强过自己的时候人就会没自信，因为已经被服装湮没了。

美就是一个趣味的形式
大俗即大雅

不同时代的人对美下了很多不同的定义，但是即使老百姓不懂定义也一直在说美的事情，当把所有的精神愉悦都称为美的时候，生活中美就无处不在，占据了所有精神享受的制高点。我比较认同的说法是：美就是一个趣味的形式。在色彩的冲突中，把握住冲突背后的和谐度，找到它背后的秩序度时，大俗马上变身为大雅。

生活当中常提到的“俗”和“雅”，其本质是对色调的灵活使用。

某种意义上大俗即大雅，“俗”和“雅”是不同人站在不同角度，根据不同的审美元素得出的审美判断。比如：红和绿、黄和蓝形成很大的视觉冲突和刺激，对立关系太强时有人会觉得好俗啊！但怎样来中和这种对立关系呢？在冲突中把握住冲突背后的和谐度，找到它背后的秩序度时，大俗马上变身为大雅。

“净”和“柔”在搭配上并没有谁优谁劣，只是搭配的方向和区域是不一样的，“净”的色调搭配是远距离好过近距离，“柔”的色调要有温和的过渡。大红和大绿搭配就是一种“净”的关系，这种搭配就要考虑五官是不是能够相匹配。“净”中带些柔，“柔”中带点“净”，这些都要考虑进去。

“柔”的人在柔和里面可以尽情地搭配，但注意两点，第一要避免色彩带来的沉重感；第二不要过于外向，纯度过高的彩色其实是具有侵略性的。只要把这两点规避掉，然后选择色调比较近的颜色，不要太过复杂，这样就可以了。但在“净”的使用上要稍微慎重，否则人很容易被衣服所湮没。解决的办法是，通过化妆强调五官的颜色，增加立体感和对比度。在出席大场面时，人们都会化妆，这种方式就是让人从“柔”偏向“净”。

秩序度、复杂度在色彩搭配上的建议是：复杂度过大会有街头感，秩序度过大会显得死气沉沉。

什么是秩序度过大呢？职业装基本上是秩序度过大。而复杂度过大，往往显出俗气。这样解释就不难理解了。

这里面还有色彩和色彩的搭配、色彩和服装的搭配以及服装和饰品的搭配等，我们可以通过对服装款式、图案、面料的了解找到更好的搭配办法。

你有做个百变女人的冲动吗
你选衣服时是感觉好看才买单吗
你衣橱里的服装会是千篇一律的款式吗
你有特别喜欢却不好搭的服装单品吗

读懂色彩，读懂色调，读懂自己。

我们大部分人着装的第一个问题是仅凭感性认知，觉得好看就买下一件衣服，然后得到别人正面的回应，说你穿这件衣服很好看，于是记住这种好看，但好看背后的原理没有分析清楚，从此衣橱里基本上都是这种颜色、款式的衣服。他们不敢往其他方向再走一步，因为担心走一步后就不好看了，这就造成了买衣服的一个困境，永远买类似的、相同的衣服。

着装中的第二个问题是女性都想做百变女人，很多时候也想突破，但在搭配上没有一个理论体系支持，没有一个依据借鉴，这种突破的尝试在遭到打击后又退回到原点。

第三个问题是买一件单品，买的时候觉得很好看，回来后却发现跟家里所有的服装都不能搭配，于是下一次，专门为这件没法搭的单品再买一件单品，买回去发现又不搭。为什么不搭呢？因为没有看懂这件服装，没有读懂它的语言，不知道它在说什么，它是需要一个内向的还是一个外向的色彩来搭，是需要一个年轻的还是成熟的色彩来搭？这暴露了一个问题，就是我们对色彩的认知不够精准，所以只能买服装公司搭配好的衣服。

如果我们读懂了色彩的语言，了解它的色调后再买服装就会轻松很多。

每天出门前问一下，今天要去做什么
今天我要表达内向感，还是外向感
是要成熟一点呢，还是显得年轻一些
镜子里的自己，是华丽，还是质朴
是要女性的文雅，还是要中性的时髦

在色调里找答案，把基础问题搞清楚了，表达不出错的基本问题就解决了，接下来就是在不出错的前提下做得更出色。

有一些人着装很棒，很有感觉，也有些天赋，穿衣服和购买衣服都花了很多心思，但还是说不出其中的道理。其实道理就在色调图中，想清楚自己想要什么，该要什么，尝试着用色调图解码验证搭配经验，相信你会成为穿衣搭配的行家里手，名副其实的色彩搭配专家。

大部分人搭配衣服的时候是毫无思路、毫无情趣可言的。

要先学会对着镜子问自己几个问题：我今天衣服的色彩、调性是外向还是内向，是年轻还是成熟，是女性还是中性，是华丽还是质朴，是稳定还是活泼，是凉爽还是温暖？把基础问题搞清楚了，就解决了表达不出错的基本问题，接下来就是如何在不出错的前提下做得更出色。

举个最简单的例子，妈妈去开家长会，穿什么颜色的衣裙？希望老师看到的是外向、内向还是中间状态的人？开过家长会的人都知道，40 多个家长坐在一起与一个老师对话，所以，特别外向不可取；特别内向也不好，老师看不到你，所以应处于中间状态。另外，不能显得特别弱，否则这个妈妈没分量；也不能显得特别强，强的感觉跟老师很难相处。老师是一个教育工作者，他更愿意跟知书达理的人交谈。所以妈妈跟老师应该在同一个话语频道，有些理性，又稍微有一点妈妈的感性特征。这样的服装表达，穿去开家长会是适宜的。

穿着典雅调的服装到学校，老师看你最舒服，能为你的孩子先赢一票。有一次家长会过后，我坐在学校格子间里等老师，听见其他年级的两个老师一边走一边议论一个孩子的家长，“穿成那样，这家能出什么好孩子，看他妈就知道了”。当时我听完心里一震，天啊！这个妈妈到底穿成什么样了？

我们不能要求老师是圣人，他有自己的职业判断，他希望家长是懂教育、有爱、能说上话、能有效沟通、相互产生共鸣的人，如果由于一个不恰当的着装而失分，就很不值得了。

为什么进到茶室和进到咖啡馆的感觉完全不同
因为心境本是不同的

当看到色调，想到它的性格，就能够通过这些调性找到自己的感觉。

世界各地的茶馆，不管是在西班牙、法国，还是在美国，我们会发现惊人的相似，它们的相似不是源于拥有同一个设计师，或者模仿设计，而是因为能在质朴中看到宁静，看到中国式的禅修，这就是茶馆这种场合所需要具备的功能。

品茶是要静的，茶是要慢慢品的，香气内敛，所以茶室色调一定不能是外向的。茶室让人感觉古朴沉稳，装修的调性一定是质朴的，带有传统的中国古风韵。但是咖啡馆就不同，咖啡的香气更外向，更个性张扬，每一个咖啡馆都有自己的品牌定位，宣扬自己的文化理念，色彩和色调五花八门、各具特色。快餐店则是外向的环境，更年轻化，让你感觉到有点闹，麦当劳、肯德基突出了这种特色，进去后人会感觉到兴奋、有快感，胃口也随之大开。为什么麦当劳、肯德基这么火？就是因为它的环境、色彩的视觉感受投合了年轻人的心理。

曾有记者在大街上采访路人，问：你幸福吗？路人回答：我姓谢。让人啼笑皆非。因为幸福是一种内在且丰富的感觉，在路上随便抓一个人问人家幸福吗，让人很难一下子回答出来，如果换一个问法，你快乐吗？回答就会很准确。快乐是一种很容易把握的，很外向、更明快的感觉，这一刻快乐与否能马上感觉到，也很容易表达。服装的表达也是如此，简单明了地给出语言符号。做一个年轻快乐的运动青年，你的服装一下子就找准了。如果说想通过服装表达一个富有的、华丽的、活泼可爱的年轻女孩，这种复杂的感觉表达恐怕只有电视连续剧才能完成。

生活的方方面面都在用色调说话
你承认或不承认它都在那里

美学以哲学和心理学的角度解读一切艺术形式，比如电影、音乐、绘画。我们不用专门学色彩学，只要色调图研究透了，所有跟色彩搭配有关的问题，都能作答，因为在某个高度上，它们是一致的。

电影采用的色调是非常明显的，一部影片要表达主人公一生不同的阶段，会使用不同的色调来呈现，导演们喜欢的色调也大不相同。

黑白本身也是一种色调。黑白的整体感觉是秩序度高于复杂度，许多黑白照片一直被视为经典作品。日本有位导演，明明已经到了可以用彩色片的年代了，他还在坚持拍黑白片，他的色调就是他的风格。像《布达佩斯大饭店》这部电影，主色调是粉红色，有种梦幻的感觉。所以，虽然故事的社会背景比较严酷，但是还是给观众带来一些温馨的情感。《天使爱美丽》里面加了一种黄绿色。张艺谋早期的电影有红色的色调在里面。导演选择的色调是出于对自己和对电影的认知，为什么有人会成为大导演，就是因为他的风格突出。

找到自己的调性，通过色调这样的一个工具认识自己，并作为表达和表述的依据，最后成为自己独特的风格，这是在充分了解色调以后对自己进一步的认知和定位。

通过色调来欣赏一下名画
色调的神奇是语言无法叙述的境界

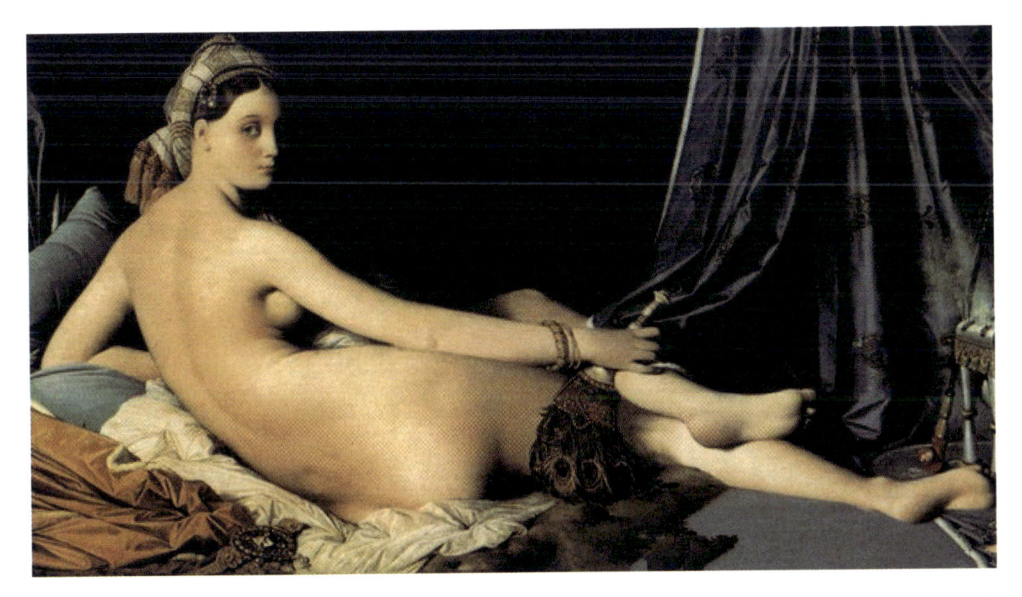

Jean Auguste Dominique Ingres
让·奥古斯特·多米尼克·安格尔 Grande Odalisque
《大宫女》

我们可以通过对色彩的分析来学习鉴赏一幅名画，安格尔这幅画在卢浮宫展出，很多去过卢浮宫的朋友知道，数以万计的精品值得仔细欣赏。本人去了7次，没看够，还有很多可看。

这幅画画的是一个裸女，一般情况下，这样的画很容易带来色情感，但这幅画让人看到的却是安详、尊贵、宁静。画面是非常凌乱的土耳其后宫，为了整个画面曲线和构图达成统一，画家强化了女性的曲线，强化了她的乳房，但整体一点都没有给人以轻浮的、淫荡的、色情的感觉。这是因为背景和色彩全都用了古典色调，这是古典色调产生的视觉效果。可以想象如果背景颜色稍微再浅一点，那种香艳味就出来了，那种轻薄感就显露了。这是安格尔的古典画派所带来的古典美。

著名油画《玛丽皇后在马赛港登陆》的色彩效果

古典色让华丽色不浮，华丽色让华贵色不闷，互相建设达成更高级别的和谐。

再来看这幅名画，其色彩所呈现出的这种气势，大场景给人的震撼，从中能看到高贵的、极强的皇家气质，这不是一个普通人所能够驾驭的。它的色调首先是外向的，且成熟稳重，这是用整个华丽和华贵的色调渲染出的法国历史上最著名的一次迎娶。意大利佛罗伦萨有一个著名的家族叫美第奇家族，意大利今天所有的艺术都跟这个家族有不可分割的关系，文艺复兴以后美第奇家族是所有艺术发展重要的赞助者和倡导者之一。他们家的一个女儿嫁给了法国国王成为皇后。这幅油画《玛丽皇后在马赛港登陆》是彼得·保罗·鲁本斯的作品，他是欧洲第一个巴洛克式的画家。鲁本斯是个色彩诗人，他用色彩渲染出《玛丽皇后在马赛港登陆》要表达的情绪和氛围，不用知道故事发生的背景，一看就知道这幅画在说些什么，让你感受到皇家气派。所以，色彩的语言有时会优于文字的描述。

Peter Paul Rubens
彼得·保罗·鲁本斯
The landing of marie de medici at marseilles
《玛丽皇后在马赛港登陆》

服装给出的语言符号不用解释，受众都懂

每个人都有与自己相配的、最合适的服装色彩和款式，找准了就是你的，和你的美有关系，找不准就是在穿别人的衣服，服装没有为你说话。

意大利有一个著名的服装品牌GUCCI（古驰），近几年的“极繁设计”给出的是华丽感和华贵感，所以，要想找一件华丽的服装，从GUCCI品牌中马上就能找到。一次，在法国的一个门店，进去一看，我就说，你们的主设计师换了。店员说，是！这条线的主设计师换了！为什么说它的主设计师换了呢？因为它原来最核心的东西没有了，改成其他的了，服装的调性以及对廓型设计的把握都改变了。

举这个例子是要告诉大家，每一个设计师的设计风格或每一个品牌都有它针对的人群，它只对这个人群说话，如果风格变化了，它的人群也会随之改变。这个道理告诉我们：每个人都有与自己最相配的色彩和最合适的服装款式，找准了就是你的，和你的美有关系，找不准就是在穿别人的衣服，服装没有为你说话，或者说了与你相悖的话，结果没有加分。我们学习的目的就是找准调性的运用，与美建立起与自己相匹配的关系。这种关系不仅仅是色彩，还有款式。

场合、时间、地点和内容决定你的衣着
你有过重要社交场合因服装不得体带来的尴尬吗

色调用在服装上，用在家居上，用在关系中都是一样的，是相通的。
色彩的情绪感，让场合、人物和色调融合搭配并适合人物、场景、角色需要。

服装色调旋律——与环境和谐

如果去参加一个隆重的酒会，应该用什么样的色彩来装扮？肯定是具有强烈美感的色彩。这种场合，意味着整个气氛是高、大、上的，这时不要玩制服，不要玩时尚，不要玩沉稳，也不要太亮丽，因为亮丽有跳跃感，显得过于年轻。在隆重的场合要有沉得下来的分量感，所以，华丽的、华贵的、古典的，包括柔美的、典雅的色调都是可以选用的。

一位朋友要去美国参加儿了的毕业典礼，请我帮她看一下服装。她说，其实并不在意参加典礼的过程，但是很在意那一刻留下的影像，而且，这张照片是她家人经常会看到的且长时间留存的。所以她认为穿什么服装很重要。

根据她的要求，我问了几个问题：

第一，学校所在的城市气温如何，如果是十几摄氏度，服装色彩要暖一点，不要让别人感觉美丽却“冻人”。

第二，了解典礼是室内还是户外，户外意味着场景很大，可以让色彩感觉更强烈，如果是室内会更多地考虑款式、面料问题。

第三，儿子是学士还是硕士，如果穿大黑学士袍，妈妈就不能再穿黑色，一家三口黑麻麻站一块儿很难看。一定要穿有色彩的，要衬托儿子穿黑袍那一刻的历史性和庄重感。

最后我给她选了一些比较好的柔美调子的服装。先生不可以穿那么浓的颜色，但衬衫和领带都需要与妈妈的服装在一个色调上相呼应。

这就是场合着装的概念，无非就是分析时间、地点、相关内容、布景和人物间的关系等做出应有的服饰表达。去医院看望病人、去参加婚礼或葬礼，这个时候最需要考虑的是色彩的情绪感，让场合、人物和色调融合搭配并适合人物、场景、角色需要。

对比度的合理应用产生意想不到的效果

当对比度超过哲学意义上对立的、美学意义上的50%的时候，容易给人一种街头感、另类感、冲撞感、刺激感；当和谐度高到80%到90%时，会给人统一感、安静感；和谐度在70%到80%时，感觉和谐是静态的，所以高和谐不出色，因为太接近、太相像，不够丰富，缺乏动态性。

色彩搭配在整个配色关系中，形成的是一个“美”的关系。如果用哲学的高度和心理学的深度来解释和看待美，在任何关系中，和谐一定是主流的，一定是合乎规律的，也就是和谐的背后一定有一些公式化的东西支撑，比如说黄金比例是 0.618 ∶ 1。

色彩的对比度使用也要遵循这个“度”，我们叫它“美度”。色调是色彩认知的高级阶段，色调图每一个色调中的色相都在美度的范畴内，在一个色相环中明度和纯度是一致的，所以在一个色调里面怎么搭都很美，因为搭的都符合美的尺度。和谐的背后是有秩序的，有规律性的，有理性支持的，并不是完全一样，而是很平衡。

中国人对和谐的理解叫“君子和而不同，小人同而不和”，它体现在婚姻关系中就很简单，有过婚姻经历的朋友知道，从不吵架的婚姻比经常吵架的婚姻更容易破裂。和谐的基础是主流相同，价值观相同。

从人的角度看服装，高和谐的服装大家并不爱穿，比如职业套装、工装，色彩、面料、款式、鞋完全一样，这种和谐基础看起来没亮点，没有美的感受。色彩和谐就是总体上要相同，其他有所不同，在色彩的三个属性中，三分之二相同时，其余三分之一可以不同。但是如果明度不同、纯度不同、色相也不同，这时就很难看，因为太不同、太乱、太不和谐了。

简单来说，就是在秩序度基础上增加了丰富性、趣味性以及动态感觉的复杂性。哲学与美学讲的都是“度”，“度”把握准了就是“美”，把握不对就不美，这也是色彩和色彩搭配中需要把握的关于“秩序度”和“复杂度”的技术性问题。

第一美叫和谐
和谐不好会俗气
和谐太过会死气
俗气最起码会带来年轻的、可尝试的
有生命力的元素

美的和谐第一，一定要 50% 以上的东西有共性因素，理性秩序大致相同。审美很有意思，和谐到了极致，完全相同的时候叫作死气沉沉，特别不相同的时候，就叫俗气，而大部分人的着装是不怕死气就怕俗气。

再看色调图，在同一色调中意味着色彩的三个元素有三分之二是和谐的，这时色相要有差别才好。所以在色相环中，反而离得越远越好看，比如红和绿、橙和紫、黄和紫、黄和蓝。回过头来再讲哲学命题，对立和统一，因为有三分之二即超过 66% 的统一，所以这种对比会增加极强、极高的和谐度。

如果色调离得比较远，色相差要少一点，意味着明度和纯度有三分之二的差别，所以色相搭配时要离得比较近才好，比如说华丽调子的玫瑰红跟柔美调子的玫瑰红搭起来，都是玫红色，既保留了女性化的特质，又有颜色的差别。

服装在色彩搭配上要打开自己、延展自己，有秩序、有规律地寻找到适合自己的色调，在大同上一定求小异，不要怕差异，这才是真和谐。借王维那句话，“蝉噪林逾静，鸟鸣山更幽”，山林里的幽和静，不是没有一点声音，而是恰恰有了一个声音，才让你意识到它是幽静的。如果没有任何声音，是感受不到静谧的。生命中往往需要有一些小的不同。天天开车上班，走同一条道路，永远看不到新的景色，有一天突然误入了歧途，走进了岔路，会有一些不一样的新奇感。和谐美是在理性、秩序、规律、公式基础上的一些小的差异和对比。

第二美叫舒服
不光自己看着舒服，别人看着也舒服
舒服的前提是服装搭配一定有一个主色调
主色调应是你千辛万苦找到的与你最相融
最相配的色调

色彩搭配、服装搭配，第一个基础阶段一定是刻意中的刻意，到了高端境界就一定是随意中的随意。

真正的美好是人衣合一，就是和谐达到一个巅峰状态，浑然一体。

服装搭色强调一个主基调，要有共性也要有差异性。所以服装搭配第一个美是和谐，第二个美叫舒服。

哈佛大学有一个讲幸福学的教授讲到人的三个区域，其中有一个区域叫舒适区，这时心理上的舒服，是指在视觉上先养眼，后养心，就是所有的舒服在你的预期范围内。有人说我看恐怖片通常抱一个枕头，忽然一听动静不对，赶紧把头埋起来，待动静稍微过去再接着看，这种状态肯定不能叫舒服。恐怖片为什么不舒服？因为超越了人的心理承受力，驾驭不了的事就让人不舒服。但问题是，为什么已经不舒服了还要看？人是要不停地扩大心理的疆域和控制范围的，这样舒适区会越来越大。借用这个例子，学习色彩可以打开和延展对色彩适用的舒适区。当一个人舒适区大的时候，他周围的人就舒服，在懂得包容的人身边，其他人也舒服，所以舒服是一个心理状态，是一切尽在内心掌控之中。

色彩搭配的包容性就是如何能让别人也看着舒服，那就要跟自己、跟场合、跟季节和环境相融合，美得自然，跟周围环境浑然一体，人衣合一。

自然是一个很难解答的词，它有三种境界，第一种境界也是最基础的境界叫纯天然，清水出芙蓉，天然去雕饰；第二种境界是社会化的自然，内外一致性，不刻意、不做作；第三种境界是最高级的自然，就是艺术化的自然。有人说演戏的是疯子，看戏的是傻子，为什么人明知道是假的，还是会痛哭流涕呢？因为它再造了一种艺术化的自然。电影、绘画、文学、音乐，包括色彩搭配、服装配饰，做得好的都会让人感觉真舒服，真自然。所以色彩搭配、服装搭配，第一个基础阶段一定是刻意中的刻意，而到了高端境界就一定是随意中的随意了。

怎样做到呢？只有天天锻炼，天天玩色搭，才是快速提升能力的途径，提升越大，能量越大，自己美得越自然，周围的人看着也越舒服。

在色彩世界里，“性感美”永远是褒义词
你想做个温柔小女人吗
舞台下也要绚丽夺目地活着

女人更像女人、男人更像男人是性感美。
不否认现代人对中性美的接受度更高些，中性美也是一种时尚美。

每个人生命中都承载着父母亲和家族巨大的爱的支持，都希望你是独一无二的，成为家族的明星，这个明星不一定要站在舞台上，但起码能够活得精彩。精彩是什么？是绚丽多彩，是抢眼夺目。

什么样的色彩是抢眼夺目的？美丽色调、艳丽色调、靓丽色调、华丽色调，这四组色调一定能够做到。它不像和谐、舒服和自然那样难以从非心理学上来解读。

人的形象美也一定是一种性感美，男人有男人的性感，女人有女人的性感，性感就是一种回归本我的状态，就是所谓的女人像女人，男人像男人。性感是穿出性别美感，年轻的妻子和先生一同出席社交场合的时候，服装的颜色最好选择最突出女性性别感特质的柔美、柔和、典雅色调，这能够很好地展现小女人的美感。男性的性感是硬朗、阳刚、大气、沉稳，在色调图里找自然色调、沉稳色调，色彩感是重的，性格感是收敛的。这样的搭配比较完美。

关于人的形象美，还有一个词叫“精神”，用色强烈，一定是纯度比较高的颜色。“精神”不只给别人带来舒服和愉悦，还让人看到生命的亢奋，高质量的生命状态，也就是我们常说的正能量。

“精神”是一种中性美，无论男人、女人，当他们的着装能充分表达出一种看着很“精神”的感觉时，一定是有一种中性的美。

每个人都是全色相的

你就是独一无二的个体

每一种美都是独特的美

把自己的特点发挥到极致，你就是女神

对于色彩搭配，我不主张机械地记住什么颜色搭什么颜色好看，一定要参透色彩的语言，知道它在说什么话，并且知道自己希望色彩替自己说什么，否则色彩一变化，就又不会用了。

关于色调、关于色彩搭配，我给大家推荐一种方法，按这种方法每一天在着装时对着镜子做一个自我认知和学习，这个过程会加快审美进步步伐和提高审美水平，让你能更好地驾驭色调，把自己打开，告诉自己，我可以是全色调的，所有的色调都可以尝试。相信在尝试以后，当你的衣橱里能呈现出 10 个调式的服装时，自己不会再有这样一个感慨：没有衣服穿，永远缺一件衣服！同时会发现在所有的场合里面，都可以行走自如，无论是出去旅游，参加盛大的聚会，还是去品茶、喝咖啡，无论是职业的工作，还是社交的场合，都能很自如地表达，路会越走越宽。

各种色彩的搭配关系，书店和网上都能找到，都能看到，但不一定适合你。如果简单照搬，会使很多人学习之后不敢越雷池一步，只能照本宣科。我们不能打破一个桎梏又钻到另一个笼子里，学习是为打破限制，更好地驾驭色彩，所以我们叫“玩转色彩”。

了解色彩背后核心的东西，了解色调图 12 种色调的美感形容词，跟着自己要表达的色彩感觉走，不断地实践练习，形成习惯，最后变为自己掌握的、信手拈来的技能。每个人都能找到更合适的、穿起来更好看的、游刃有余的搭配方式。同时你也有能力把不够合适的变成相对合适的，这是学习色彩后所具备的能力和能够掌握的技巧，也是学习的目的。

潮流易逝，风格永存

摄影：王佳

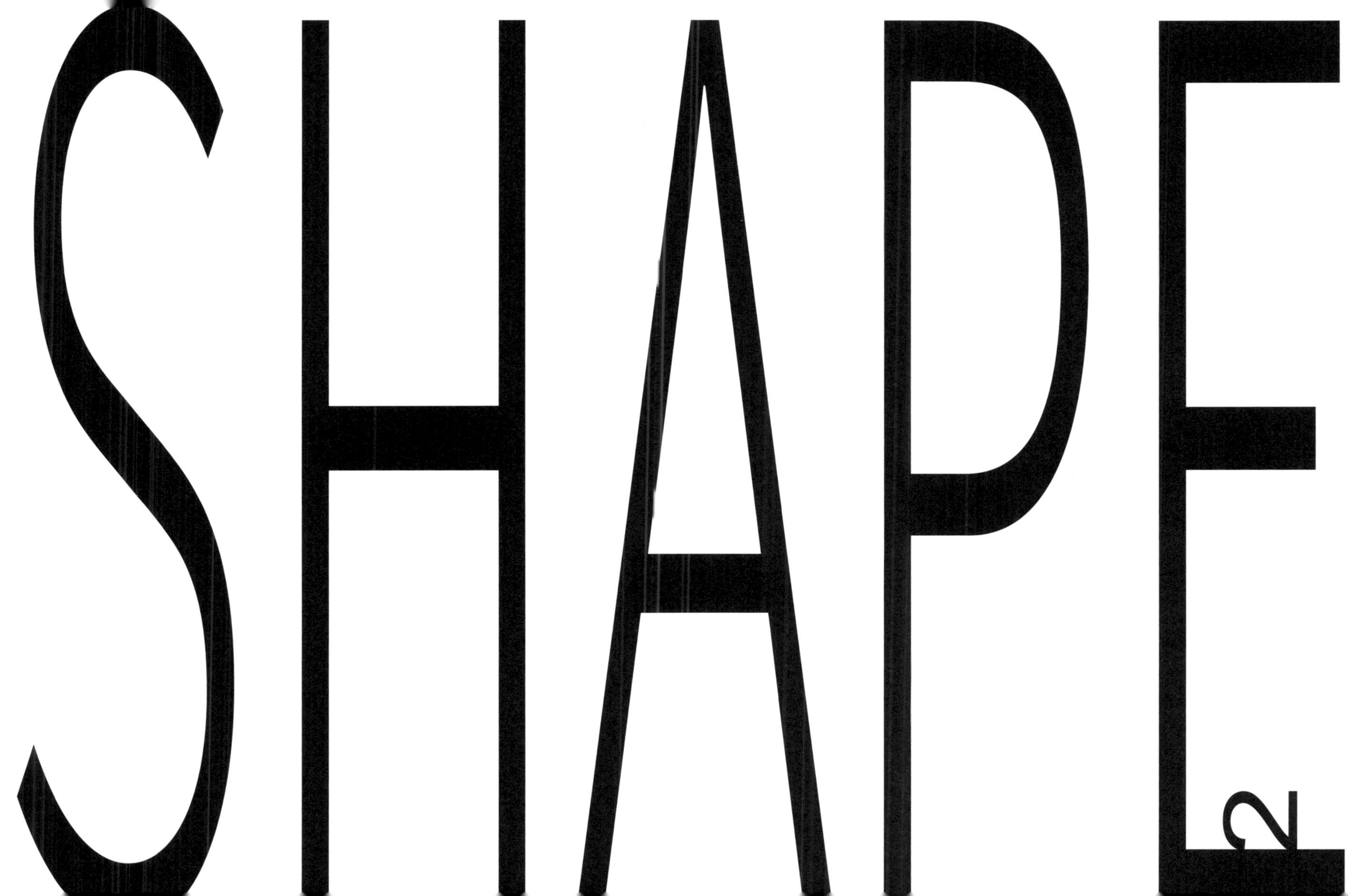
SHAPE
2

人与风格，做最美的自己

借用香奈儿女士那句话“潮流易逝，唯有风格永存”

Chapter 2 风格圆舞曲

我们每一个人都应该把自己活成件作品，一个精品，所以一定要找出自己的风格，活出自己的风采。

风格不是每个人都有的，寻找的过程就是自己的发现之旅，不要以为这个过程很简单，其实不是一件容易的事，等于把父母亲给予的生命，梳理一遍，重塑一遍。我们这个产品父母亲直接给你了，不管你喜欢不喜欢、接受不接受，高矮就这样了，这是天然状态，但风格还有一部分是后天形成的，跟生长环境、教育程度、社会定位和价值观有直接的关系。

形形色色的人群，有款有范儿
形象，是你人生最好的投资项目

在形形色色的人群中，在匆匆忙忙的过客里，你可能会无意识地扫描一下周围的人，最先为你提供信息的一定是人的“形”，是这个人的高、矮、胖、瘦，体貌特征，而他的体貌特征也往往通过服装款式得到修饰，传递了最初的形象符号，这就是我们要了解的第二个服装元素——服装款式，我们称之为廓型。

服装款式——6 种形态美

什么叫款式？从服饰的角度来讲，它体现了一种“形”的状态。说白了是服装的样式，一种样式用三种“形”来诠释。

什么叫形？我们把它解读为三种形：第一种叫形状，是物理存在的、能看见的、能分析的，能用几何形状描述的一个概念；第二种叫形象，是借由这种状态所构成的印象，如呈直线形状时，会带来利落感，是干练的形象，如呈现的形状为曲线时，自然而然产生一种温婉感觉，形成温柔性感的女性形象；第三种是形态，形态是形状与人的结合产生出来的一种精神层面的状态，反映了一个人的生命生存态度，最终传递出来一个人全面的形象特质。

服装的款式只有和与之相配的人物有机结合才能活起来，才能真正让线条构成的形状表达出有内涵的语言。

人物也需要适合的服装款式诠释自己的风格、习性、职业特点以及对身材的修饰、瑕疵的掩盖和优势的放大。

服装款式随着时代的变化而演变、轮回和发展调整，但是万变不离其宗，归纳起来始终离不开几种大的形状，我们称之为“廓型”，下文将用六个象形的英文字母 A、H、T、V、X、O 来代表服装的这几种不同的“款型”。

选“A”型做有味道的美丽女人

萌妹子，“O”型圆你一个公主梦

耍大牌，霸道总裁穿 大“V”

“H”型利落行走职场，柔美女不输男子汉

敢不敢用“T”型展露漂亮的肩膀

“X”型是性感女人味的专配

看一看自己的衣橱，划分一下它们的廓型。

图中的 X、T、O、A、V、H 分别代表六种廓型，通过图片可以对六种廓型有一个准确的认知。

X
T
O

A
V
H

穿长 A 有飘飘欲仙的感觉
浓浓的田园气息表达一种淑女味道
爱穿短 A，想让你看到我的甜美
干练的小 A 裙是年轻女孩子的常服

长 A
廓型：曲线、松散
美感：淑女、田园
人群：视觉成熟
身高：160cm 以上
场合：休闲、社交

A 型是极其女性化的一种款型。大摆的、长款的连衣裙被称为长 A，这种款型无论在设计上有怎样的变化，永远有一种复古的味道，适合 160cm 以上的身高。如色调在柔和、柔美调子上时，会有一种非常淑女的感觉，若是艳丽和美丽色调时，一定会是大气的女神。而小碎花的长款 A 裙会给人田园的、回归大自然的洒脱感，所以许多女人都希望有一条能充分体现女人味的长款 A 裙。

但有时候，可能因为身高不够理想，或是为了更显修长，有的朋友在穿有田园风格的长 A 裙时，喜欢穿一双“恨天高”的鞋子，用超高跟鞋来弥补身高不足，这样会破坏掉长 A 款的语言表达，虽然线条拉长了，可淑女感的田园的味道没有了。所以建议要配坡跟鞋、小跟皮鞋，有点圆头的、有闲适感的鞋子，而不要配漆皮、尖头、细高跟的鞋子。

服装的语言既然已经给出田园这种风格，就应该呈现出一份闲适、从容、恬淡，需要让鞋、包、服装，包括心情与之匹配和平衡。

大多数女人心里都有一个小公主梦，小的时候也许都有过一样的经历，穿过小蓬蓬短裙。那个时候穿小短裙，女孩子在一起互相转一圈，比谁的裙摆大，比谁的百褶多，这种梦会伴随我们成长，希望自己永远年轻甜美，尝试小女孩最喜欢的短 A 裙。 短 A 的廓型是曲线的，带有甜美感，是女性且年轻化的廓型。40 多岁的女人也可以穿出甜美，只是短 A 裙到膝盖上 3 寸就要止住了。短 A 裙适合小巧的女人穿，视觉身高一般不超过 168cm，年龄最好不超过 28 岁，这时会有一种甜美的、乖巧的小女孩的感觉，同时短 A 也能显示衣主人的利落和干练，在要求不高的、合适的职场穿着也是可行的。

要想在重要场合有话语权，先收起你的小短 A
廓型和色调结合，可以调和感觉的尺度

短 A
廓型：曲线、利落
美感：甜美
人群：视觉年轻
身高：168cm 以下
场合：低职场，年轻社交

服装是一种线条的艺术，它其实是三种线：第一种线叫结构线，结构线是设计师需要把握的，通过一些拼接，使服装呈现出不一样的特质，因为面料是二维的平面，它只能通过结构，变成三维的立体形状；第二种线是装饰线；第三种线就是廓型线。

我们每个人都可以作为服装语言的二次设计者，所以一定要了解第三种线——廓型线。读懂廓型线非常重要。什么叫读懂廓型线？就是穿好衣服站在等身高的穿衣镜前，看着自己正面剪影，呈现出来的是哪一种廓型。

常态服装廓型中“A”“H”“V”，分别是女性化的、男性化的和中性化的。

这几个型，每个人都可以试穿。因为每个型都有不同的、特殊的感觉。

A 型是越短、越夸张，越像小女孩，越甜美。小的时候我们能穿那么大的裙摆，大到极致，就像《天鹅湖》里的芭蕾舞裙，它的裙摆是张扬的，所以觉得她们天生就应该是小天鹅，就应该是小公主，就应该是美丽的小女孩，这是短 A 带给人强烈的甜美感觉。

已经到了 40 多岁这个年龄段，怎么来表达 A 呢？如果再像小女孩那么穿就会越过了美度。因此只能稍稍表达这个年龄的一点点甜美，小一点的 A 形，同时还可以从色彩上找一找，粉红色和黑色比，粉红色更显甜美，而黑色会稍微收敛一点。可见服装是一个变量，我们要在这个变量中找到自己要表达的甜美程度。

甜美的感觉不适合严肃的高职场，也就是说在什么时候、什么地点、什么场合表达甜美，是有分寸的。跟先生、朋友一起出去，甜美是可以自由表达的。但是职业女性，尤其是处于一定位置的职业女性在商务谈判、重要会议和高职场工作中显示出甜美是不可取的。

一个真实的故事告诉我们：甜美和权威不可兼得

在我们的《领袖、形象、智慧》课程中，曾有一个服装行业的老板，是一位江浙美女，长得很甜美，有一点小风情，身高不高，就爱穿 A 型的小裙。她说，做企业她最大的困惑和最大的问题是，她在研发部门，经常一说话就会惹得设计师们吵成一团，她就得大喊“别吵了，别吵了”来平息混乱。设计师们在她面前肆无忌惮地争执，完全无视她的存在。

我说，第一个问题是你的服装有问题，长期穿 A 型短裙，虽然你是董事长，但是在视觉上，你告诉设计师们你是个小女孩；再者江浙一带的美女，本来就是那种吴侬软语的形象，语气的分量感很弱，所以在设计师们面前，管理的困境和难度就加大了。要改变，首先是从服装做起，这也是最容易做到的一种改变，改穿 H 型，加重色调的沉稳感，给自己树立形象权威；其次注意说话的语气、语调和方式，提出问题，表明坚定、明确的态度。

这个例子告诉大家：甜美和权威不可兼得，但可以在不同场合转换。

男人永远逃不出H的“魔咒”
高个子女人至少要有一套长H
尝尝走路带风的感觉
短H帮你找回迷失的自我

H型是最常用、最多见的一种廓型，也是男性化廓型，是全世界商务场合共同接受的一种着装款式，被各种高职场广泛应用。

这是一个中性化审美的时代，H 型是男女通用的廓型，是职场的标配款，也是职业女性的最爱。

H 型的特点是直线条，没有大的收腰也没有下摆，看上去就像一个英文字母 H。服装是筒状的，是直落式的，这种服装也叫长方形服装。

H 型也分长 H 和短 H，长 H 一般指阔腿裤，带来的是大气、潇洒的分量感，同时有一定侵略性的感觉。这种范儿会让人感觉有距离感，有一点小压力。为什么大部分的女性喜欢小桥流水？女性如果喜欢“大漠孤烟直，长河落日圆”，不管脸是什么样，内心一定是强大的，能把长 H 穿得好的女人也一定是大气的。

短 H，短到什么程度？膝盖上下。三个点，肩到臀，再到膝盖。短 H 带来的廓型感觉是直线的，三个点构成一条直线，它带来的美感是干练的。H 型适合所有人群，不仅女性，男性也是如此。短 H 的特点是干练、利落和精神。

正因为 H 款式具备这样的特点，故奠定了它是各类职场标配的霸主地位。事实上 H 型适合各种场合着装，也适合各种人群，男女老幼穿上 H 型都有同感，所以 H 型是各种廓型中用途最广、受众最多的一种“万能”廓型。

职业女性离不开短H的原因
空姐服是许多行业效仿的着装对象
腰带为H型必备配饰
构成腰线的分割和整体节奏感

随着时装审美的多元化，短H型裙装深受白领女性的青睐，无论是以航空公司空姐服为标志性职业装的引领，还是银行、保险业等金融业对职业装的重视，工装都在悄悄地发生着变化，色彩、领型、配饰都发生了很大变化，增加许多时装元素，但万变不离其宗，始终不变的一直都是H型。之所以如此，是因为H型服装给人以利落、精神、专业和职业感。

有许多女孩子穿H型也很好看，有一种很硬朗的精英之气，这就是“职场无性别”的道理，因为在职场，看的就是职业精神、敬业精神、工作能力和业务水平，在这种较量中，H型服装淡化了性别，强调干练的一面。

跟长H比较起来，短H还有一点女性化特质，长H更多的是中性化特质。短H带来的性格有点偏向内敛，长H带来的性格则是豁达外放。所以能把短H穿到位的人是精致、精确、精练的，把长H穿到位的人是大气、洒脱、豁达的，这两部分是每个女性都可以有的。

所有的短H和长H恰恰要注意的是起配饰作用的腰带，因为H是一个直线的流畅的形状，腰带在视觉上形成一条横线，在腰线上作一个分割线，体现出节奏感。H型所配腰带不是为了勒出身体的三围，系紧了就改变了形状，所以H型配的腰带要松松的，比如风衣、大衣，只要轻轻地挽一下就好。

H型能掩盖腰线的不足

直筒裤、西裤的流行寿命最长

9分裤、7分裤的时尚穿法

H型服装简单易穿，是最常用也是时尚界经久不衰的流行款式。一般的职业女性都会有几套H型的服装和衣裙，因为H型也百搭，适合各种场合，对于腰线不太理想或肚子有点赘肉的女性来说，选择H型也很明智。

男士无论高、矮、胖、瘦，穿H型都能穿出品位，但一定要注意四点。

第一，服装的合体度。服装过于宽大，尺码不合适，会给人邋遢和不精神的感觉，所以男士如果不是标准体形，最好是量体裁衣。现在比较流行的私人定制服装就是这个道理，其实在服装没有工厂化生产之前，所有的服装都是私人定制服装，都是裁缝师傅根据每个人的身体数据增加和收减尺寸缝制出来的。

第二，注意服装的领型。不同风格特质的男士在H型西装的选用上，可以变化的主要是领型。虽然也受流行趋势的主导，但是领型的变化对不同脸形和风格的男士很重要。

第三，色调的选择。不同色调带来不同感觉，选择准确的服装表达语汇。

第四，面料和工艺。男士服装更应该注重服装的面料，含毛量、含棉量是面料好坏的基本标准，同时我们不能忽略印染工艺的作用，好的面料代表服装的价值，同时做工好坏是服装最终呈现的关键所在，品质感由服装面料和工艺共同呈现。

男士的西裤、直筒裤是最常见的裤型，几代轮回的时尚潮流也未曾改变。21世纪初未曾涉猎男装的9分裤、7分裤开始进入男装领域，配休闲西装也是一种时尚造型，很适合都市男孩，显示出轻松、干练和青春气息。

短H造型是夏日最受女孩欢迎的一种款式，简单、方便、凉爽、易于搭配都是短H的优势。

T 型装的烦恼与诱惑
肩颈的美丽是真美丽
生活本是 T 台秀，秀出美肩的场合

圆润这个词是形容女人肩膀的，所以裸露的肩部是大胆而明朗的性感，如何露得恰到好处是门学问，骨感的人穿 T 型服装会更有味道。

T 型是指裸露肩部的一种款型，不管是露双肩还是露单肩，强调女人修长的颈部和圆润的肩部，这是非常性感的，女性的晚礼服大都采用T型服装。男性的礼服是不露肩的，它也是一种性感，这种性感藏而不露，是闷骚的性感。

有一次在万象城一个年轻的品牌店，看到一个 40 多岁的女性在试穿一件 T 恤衫。她在镜子那边照了好久，可能对我的审美还比较信赖，她对我说出了她的困惑："这件衣服哪都合适，就是肩不合适，稍微一动肩就露出来，领口为什么开这么大呢？"我告诉她，这是裸肩设计，不是领口开那么大，而是这件衣服本身的特质就在于让你稍微一动，肩就露出来，要的就是这种不经意间的性感效果。

T 型服装是女性化的，早在中世纪的欧洲就很流行，是贵族女性非常青睐的一种款式。近代对 T 型服装做了些改良，有些休闲装也采取露肩设计，所以它的功能已经不仅体现在晚礼服上了，休闲家居装都可以看到裸肩设计的身影，并且走进寻常百姓家。

这种款型既不适合少女，也不适合上了点年纪的女性。因为 T 型表达的是成熟女人的味道，少女穿上会有一种偷穿妈妈衣服的感觉，会毁掉人们对少女纯真无邪的基本印象；而上了年纪的女人由于皮肤已经变得松弛，颈部有了明显的纹路，裸露肩膀，不会带来性感与美丽，反而会适得其反。

有点骨感的人穿 T 型会更有味道，所以年轻的朋友不妨把最美的一面展示出来，既不怕秀出长长的美腿，也不怕裸露丝滑的双肩，这就是青春带来的性感与美丽。

霸道的女总裁基本是要“V”起来
V 型装是特殊职业强调权威感的利器
穿越时空的垫肩
为什么服装会带来年代感

要想穿出权威感，一定要在肩上做文章。全世界的军官正装都配有硬挺的肩章，肩章强化了着装者的笔挺、端庄与威严，同时标有职业特性、级别与资历。

在六种基本服装廓型里面，只有V型是中性化的，这种服装是直线的、锐利的，具有权威感，适合高要求的职场着装。V型服装与字母V非常相近，它是来源于男士身材的一种廓型，看上去有点像倒三角，是服装加上大垫肩或肩章带来的视觉效果。我们看到三军仪仗队的礼仪装、执法部门的制服、军警服装都有很漂亮的肩章，不仅起到装饰作用，看上去也很精神、很提气、很霸气，并有权威感。

20世纪80年代曾流行非常夸张的大垫肩，甚至女性的连衣裙都加上垫肩，毛衣和针织衫也少不了垫肩的装饰，看一下那个时代的影片，最为时尚流行的服装都少不了这种设计。时值我国改革开放初期，人们开始渴望自己做主自己的生活，内心需要这种强化的自我暗示力量，需要自信的力量，表现在服装设计上，造就了V型鼎盛的时尚流行时代。

那个年代女人似乎不太在意女强人的称谓，时代造就出的女强人得到社会普遍的羡慕和赞赏。而随着时代的不同，如今的女强人和女汉子几乎画等号，似乎成了贬义词。其实，V型作为“官服”并非现代人的发明，清代皇帝上朝时穿的龙袍都外加一个肩搭，相当于现在的垫肩和肩章，这的确能增添皇权威严。

所以服装在形象塑造方面的作用是不可忽视的。

V型作为时装很挑人
作为职业装合体度很重要

把V型服装穿得合体，肩到底要多宽？以看不到手臂的形状，只看到肩的形状为好。因为权威感是由肩带来的，所以合体度对V型装很重要，太小穿不出气势，太大没精神。

一般V型时装的设计都比较大胆，对肩的强调更突出，穿着比较挑人，适合视觉身高165cm以上的深净型人，不适合太甜美的人，脸上写着“宅女一枚”四个字的人穿不出感觉。所以温柔、内向的女人不要轻易尝试这种廓型的时装。

大气干练的人能穿出味道。女性强调肩的同时，也强调腰线收紧。V型时装突出肩部，收紧腰部时会形成一个X形，能看到女人味，表达女性的权威和性感。

男士西装都是有垫肩的V型装，西装是舶来品，西方男人在隆重的庆典，重要的接待、会晤、会谈等正式场合，都要穿西装，以示重视，并且形成一种约定俗成的规矩，同时也就人为地给这种款式一种定位，是具有中性化的、具有专业度的、比较隆重的一种廓型。

品品女人味究竟是怎样的感觉
曲线美是 X 型的典型特征
中式旗袍亦是 X 型的一种
你心中的美人鱼是否应该穿 X 型服装

社会的基本审美观不会改变，就是女人更像女人，男人更像男人。

进入21世纪以后，我国时尚潮流更趋国际化，几乎是与国际流行趋势同步。简约的、中性化的打扮越来越受到年轻人的喜爱，但是在一些日常休闲场合，我们仍能看到许多脱下制服摇身一变成为女神的例子，因为求变是人的本性。穿惯了职业装，在职场上与男人平起平坐，在市场上与竞争者拼杀的女人一定希望有机会展示她温柔性感的一面，而最具女人味的服装款式就是X型。

这种X型廓型主要是紧身裁剪，凸显女性的婀娜身姿，呈现柔和的曲线美感，适合女性在社交场合着装。

X型的审美时代可追溯到18世纪的欧洲，看过电影《乱世佳人》的人都知道，那个时候的女性，要忍受一种"酷刑"，就是她每天穿衣服之前，要穿一件紧身衣，把腰勒到极细。我们今天去英国或法国的服装博物馆，会发现有一种东西叫"母鸡笼子"，是用藤条和鲸鱼骨编的托架，在女性腰下臀后拱得很高，是为了强化腰和臀的比例，看上去腰很细，臀很翘，使人的身体呈现出极致的曲线美感，而X型这个非常态化的廓型是极致女性化的，极致妖娆的。强调三围大比例，便是那个时代的审美。

服装的流行趋势和审美的流行趋势，就是人类在两极之间的徘徊。流行一段时间偏男性的、中性化的风格后，很自然地想要寻找另外一种感觉，这种感觉会慢慢向女性化靠拢。

复古意味着审美的本身就是一种螺旋式的上升，跟人类哲学是非常相像的。

现今的流行趋势更凸显个性美，所以选择怎样的廓型除场合的限制外，人们可以任意尝试，找到最适合、最心仪的款式和风格表达自己的审美理念。

穿0型的女孩希望永远不长大
妈妈也可以尝试0型服装
哈伦裤曾是文艺青年的“装备”
做个快乐的、有品位的胖子也很好

学会看形状背后的形象：看看形象是偏向于直线的，还是偏向于曲线的；是偏向于年轻的，还是偏向于成熟的？你就掌握了廓型表达的语言。

“0型”是指人的中段，腰和臀，即胸以下到大腿以上这一部分，呈现一个开放的形状，领口和下部回收，像字母0一样，是极年轻化的一种廓型，哈伦裤、灯笼裤、花苞裙、茧形大衣，都是其典型款式。0型装最初来源于小丑服装，它极大弱化了腰和臀部，像刚出生的婴儿穿衣一般只有圆鼓鼓的肚子，没有腰身与臀的比例，有滑稽感。穿0型的人都会有年轻感，民间也习惯称这种款为娃娃装。所有的孕妇服都属于0型款，而且色彩和图案都有可爱的一面。

特别夸张的0型对着装的人比较挑剔，有些艺术感和有点小个性的特质的人驾驭这种款型的能力会强些。夸张的0型不适合严肃的职场着装，但在休闲场合是一种深受喜爱的款式。

稍微有点0型的衣裙可以在任何场合出现，既年轻又活泼。

同样，0型也特别适合老年人穿着，因为老人一般腰身也比较粗大，穿0型的衣袍、灯笼裤等既舒适宽松又有一种返老还童的时尚感，不妨给自己的妈妈打扮一下。

体形特别胖、有肚子的人可以适当选择做工精良、设计别致的0型装来掩盖自己的粗壮腰身和大腿。我见过许多胖人穿设计独特的0型款十分好看，别有味道。我一直秉承这样的观点，人的外貌没有缺点，只有特点，每一个人都具有其独特的美，搭配选择得当，色彩款式合适，你就具有独一无二的美。

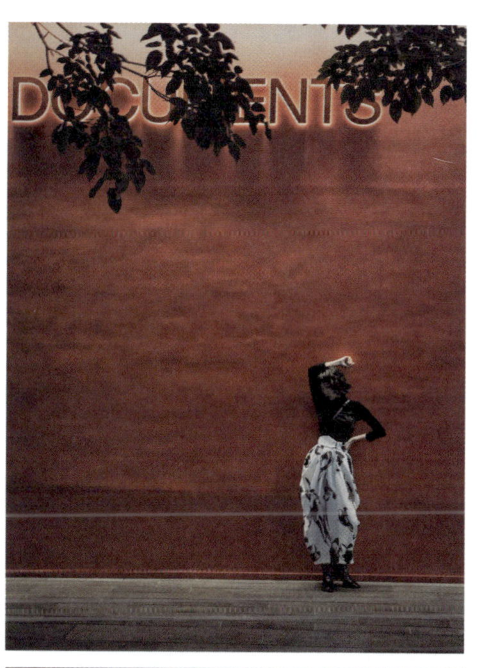

巴黎世家服装一向精于裁剪和缝制
被誉为革命性的潮流指导

斜裁是巴黎世家服装的拿手好戏，以此起彼伏的流动线条强调人体的特定性感部位。结构上总是保持在服装宽度与合体之间，穿着舒适，身体也显得更漂亮。

先讲一个人。很多人知道“机车包”，有一款包上面有长长的皮流苏，那就是机车包。如果从认识“机车包”开始认识巴伦夏卡有点可惜，那不是他的全部。他是时装界的天才，也是难得的全才人物，他的机车包，卖得最好，经久不衰。同时我们看到巴伦夏卡70年前的0型服装设计，大胆、夸张、华丽而美丽，带有很强烈的热情和生命力，如今穿上它，仍然有这种极美好的感觉。

克里斯多伯·巴伦夏卡与服装设计的结缘源自一次偶遇，有一次他在西班牙大街上看到一位女侯爵身着巴黎名牌“德雷高尔”女装，便被这套设计精美的服装所吸引，出于职业的敏感，以及对时装的热情和执着，他请求复制这套名牌服装并得到女侯爵的同意。这次机遇开启了巴伦夏卡服装设计的智慧天赋，点燃了他的艺术灵魂，从此他的创意设计一发不可收。

1937年，巴伦夏卡在巴黎乔治五世大街5号开设了他的时装设计店，在强手如林的法国时装界争雄，最终奠定他巴黎高级时装界一代宗师的地位。

巴伦夏卡的蚕茧状大衣和球状裙在当时获得时尚之都那些挑剔的巴黎人的喝彩，他用与流行造型线相反的方向来表达新女装所应有的典雅，并把这个设计称为“睡袋”式，而没有采用更高雅的名词，这也就是我们称之为0型的经典之作。ZARA之所以能成为全球的快时尚，就是因为它所产生的国度有这样的基础，有这样的传承。

讲一个自己的故事
搭配好了可以出彩

在审美这个领域的路上行走不要怕大俗，只怕无趣，不怕出错就怕不出彩。

提纲挈领——“领”“袖”之道

讲一个我自己的故事。

有一年我去西班牙旅行，逛街走进一个设计师品牌店，恰恰这个设计师本人在，是一个 50 岁左右的西班牙女人。进去的时候，我拿了一些衣服在试，她不知道我的职业，就以为是普通游客，因为我穿的也是休闲便装。她刚开始拿了很多件给我，并把两件搭配在一起给我看，这种搭配西班牙人穿会很好看，我穿不行，我看了一下，摇头否认。她讲西班牙语，我讲中文，可想而知这种鸡同鸭讲的场景有多好玩。然后我拿了她设计的一条裙子，这条裙子让我在那儿消磨了整整一个下午的时间。那条裙子有很多种穿法，她跟我一起玩赏那条裙子。最初她推荐了一条裙子，我说这条不合适，我不要，她心不甘，坚持要我试穿，我们各抒己见，后来我觉得算了，就试给她看。看完了以后，她没有任何表示，不肯承认自己输了，她看了一下我，低头，叫她的工作人员拿来另外一条，然后很热心地给我示范这条裙子的穿法，这样绑是什么样，那样绑又是什么样，那天下午过得非常愉快。我跟她共同玩赏一条大红裙子，最后我把这条裙子买回来了。一条看似很俗的大红裙子，玩好了会很有趣、很出彩！

提纲挈领——有领有袖才是职场正装
脸形和领型有一定关系
穿衣时领子的开合大小是你的二次创作

“领袖”一词最早见于《晋书·魏舒传》，魏舒为国家鞠躬尽瘁，深受晋文帝器重，文帝每次朝会坐罢，目送之曰：“魏舒堂堂，人之领袖也。”

不要忽视领子在服装廓型中的地位，在选择合适的廓型后，要注意领型与自己气质、脸形、脖颈的匹配度，这种小细节也有大文章可做。

我们抛开专业人士对领型的解读，从普通消费者对领子的了解来认识一下领子与自己的关系。领子按照功能分两大类，分有领和无领，有领又分立领和翻领；按照形状分尖领、圆领、方领、一字领、V字领（俗称“鸡心领”）等等；按照变化又有大小之分，所以领子的种类虽然不多，但每一种领型的设计却可以花样百出、变化无穷，这种变化就是针对不同人群、不同年龄、不同功能、不同气质和不同脸形的需要而设计的。如何选择与自己更匹配的领型呢？牢记在高职场一定要避免无领无袖的着装，因为这种场合要求从业者具有很高的专业度和很强的职业精神，试想穿一件无领T恤衫的人和穿西服打领带的人哪一个更值得信赖呢？所以我们说有领有袖是职场的正装。

形象力有一门课程叫《领袖、形象、智慧》，这里的领袖讲的就是服装，可见领子和袖子在一件衣服中的重要程度。古人讲究衣领与袖口的式样大小，“领”和“袖”既突出醒目，又庄重严谨，具有表率的作用，所以便产生了“领袖”一词。我们在这里所讨论的领袖回归到服装。

领有三个元素，第一个元素是领围
第二个元素是领座
第三个元素是领翻折面
领型的高低、长短、曲直、大小带来不同感觉
形状讲的是技术，形象讲的是艺术

领口越低，越女性化。

领口越高，越中性化，同时领口越高越年轻化，领口越低越成熟化。

就领翻折的大和小而言，领口越大越成熟，翻折面越大越成熟，领子越小越年轻。

所以形状讲的是技术，形象讲的是艺术。

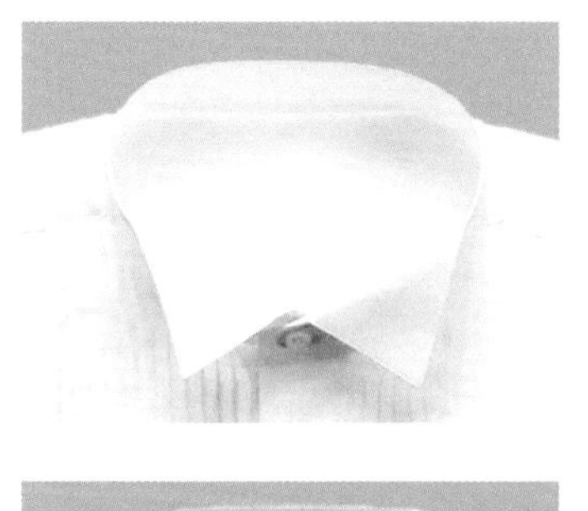

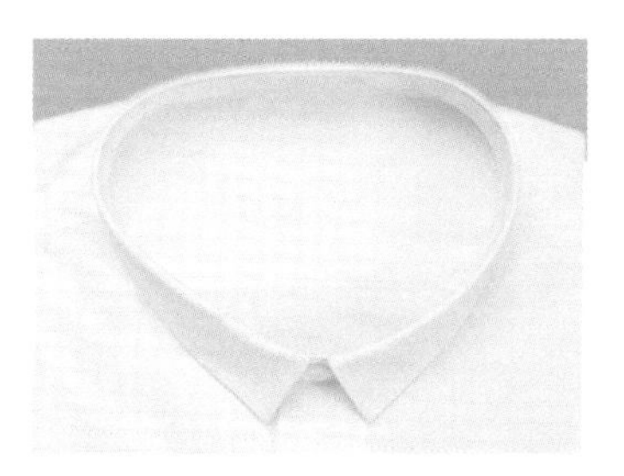

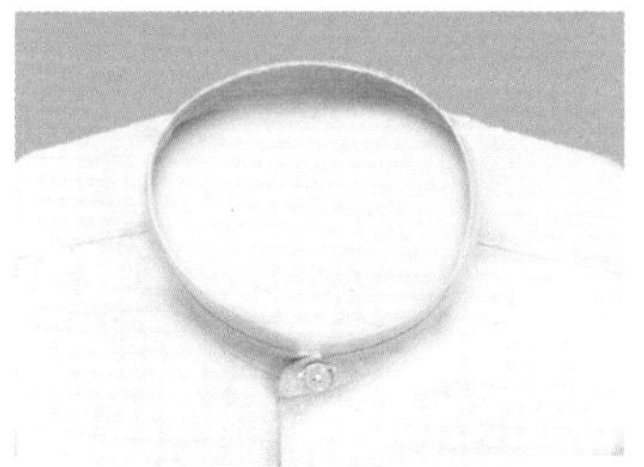
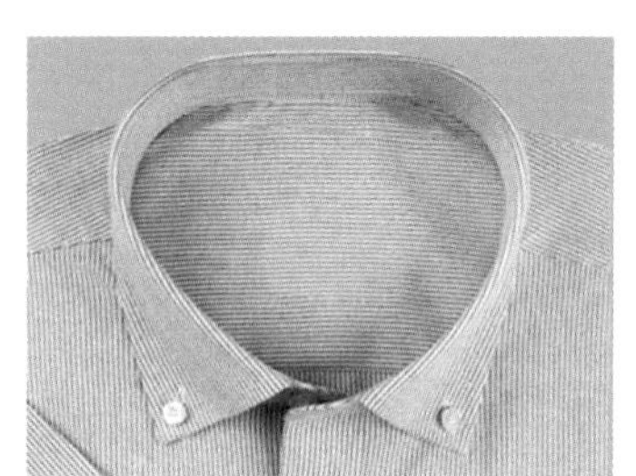

男士衬衫的领有领座，女士的衬衫没有领座，领口越向下，越女性化，领座有中性的感觉，这就是男士衬衫和女士衬衫的一个区别。

一般中国男性不穿大领口的西服，孙中山先生把西装从国外带到中国，唯一改变的地方就是领子，我们称之为中山装。中山装领子是收的，因为我们中国大部分人的脸是属于肉肉的，轮廓居中，所以穿中山装看上去比较年轻。

型，通过眼睛看得见的，具有一定的科学性，或者称之为具有技术性。领子形状是确定的，所有的人看到粗和细、长和短，都是通过科学的理性的方式得到的，它可以量化，但是形状在超越科学进入一个社会化状态，或者是进入审美状态的时候，就有一点小小的飞跃和突破，它要从“形”进入“象”，形可以描摹、可以复制、可以量化，但是一旦多出了“象”以后却发现，它进入了另外一个领域，形状变成了一种印象、一种感觉。前面是理科生的范围，接下来进入文科生的状态。文科生的状态讲的是，不能用技术手段来做难以确认和考量的事物，所以形状讲的是技术，形象讲的是艺术。

领型的“小”变化与“大”心得
领型也会影响到气质，你相信吗
请为身边的人诊断一下领子

不要忽略领型的设计，领型的演变和设计思想离不开时代背景和潮流变化。

有一个非常典型的案例，我在北京一次重要的论坛上，遇到一位国内非常有名的文人，她是一位教授，彼此知道身份后，我们探讨了形象问题。她说有人给她做过形象设计，认为她是一个少年型，建议领口要收紧和收小，同时在领口要有一些装饰感的东西。基于对专业人士的信任，这位老师这样装扮了，在此次论坛上穿了一件蓝色的小立领外衣，内里衬托一个小碎花的真丝巾围在领口，看上去很憋闷。于是我跟她说，你的这个着装设计稍稍有点问题，用形象力理论分析，从“形”的角度来讲，你确实是一个少年型，有帅气和干练的一面，但从“象”的外化来看，你真正的美不在于外形，而在于内心，在我九品女人课程中，你是一品“慧”。有“慧”这种特质的人，一定要领口打开，同时把额头显露出来，因为领口打开才会让人感觉到你的通达，才能真正表达你的学识之“象”。对此，这位老师非常认可，并且照做了。

毫不夸张地说，一个简单的领型变化，前者看似为人拘谨、资历尚浅的普通教师；后者则是不容怀疑，能够口若悬河、娓娓道来、遣词造句极端唯美准确的大学教授。所以说领子的形状很重要，小变化有大心得，不妨试试。

复古的立领衫如今还在吗

敢穿不对称领型的人一定有些小个性

曲线永远是女性的专利

常态的领型有两种：一是曲线的，二是直线的。形状是曲线的领子，带来女性化的味道，偏向于妩媚和华丽的感觉，偏向于形象的形式美；而直线形状带来的是利落和锋利的感觉。所以曲线的领型、直线的领型，衬托出来的是不同的形象。同时对称的领型和非对称的领型又能产生另外一种形象，对称带来的是一种均衡的常态的美感，非对称的有一种个性的表达。这种个性从哪儿体现出来呢？通过对服装的选择表达出来，当一个人选择这种服装的时候，我们通过他的服装语言可以看到他内心的东西，没有这种个性的人不敢这样选择，也没有这种审美的包容力和驾驭度，所以不敢选，选了也不敢穿。也许我们内心都有这么点小个性，也都有张扬的女性化的一面，如果渴望就尝试变化带来的惊喜吧。

立领衫曾大行其道，男士衬衫也曾很流行。穿上立领衫给人的感觉很利落，有些书卷气，也很严谨。

其实女士旗袍、男士中山装都是立领设计的典范之作，流行的轮回经久不衰是有道理的。当然立领也是很挑人的，脖颈比较粗短的人慎用立领，看上去会比较闷。

服装真正讲究的恰恰是领，领是服装语言中最开始的那一段话，跟脸形成了一种很直接的对话关系。

男人的西装与衬衫的袖长
什么时候可“长袖善舞”
什么人可以“赤膊上阵”
无袖是最具女人味的设计吗

所谓“领袖”就是指衣服上的领口和袖口。 在古人的眼中，最醒目最讲究的地方是领口和袖口，有些服装这两个地方用金丝线绣出各种图案，穿戴后给人留下堂堂正正的印象。男士穿西服一定要露出衬衫的袖口，表现西服里面是穿着长袖衬衫的。

长袖更成熟，短袖更年轻。

除了领型以外，还有各种各样的袖型，根据袖的长短分，有无袖、短袖、中袖和长袖；如果按照款式特点分，有灯笼袖、泡泡袖、蝙蝠袖、马蹄袖等；如果按照袖的造型分还可以分直袖、紧口袖、喇叭袖，不一而足。各种各样的袖型带来的感觉也是不尽相同的。

我们还是先从职场说起，首先无袖型服装不适合职场穿着，有袖和无袖的界定在于是否露肩，如果肩膀裸露在外，我们称为无袖装，如果对肩膀略有遮挡也看作是有袖的服装。有很多人喜欢穿无袖连衣裙或无袖衫，不仅简单便捷，而且凉爽宜人，无袖装能完美地表现女人的肩部曲线，也是性感和年轻的表达。但也有些人认为自己肩部过于丰满，手臂太粗而不敢裸露肩臂，转而穿半袖或中袖的服装，这其实是不对的。上臂越粗越不应该穿半袖，因为分割线吸引了人的眼球，刚好在半袖处看到你较丰满的臂膀，倒不如把整个臂膀大大方方地展示出来。

女士的西服除了长袖以外，还有9分袖、7分袖，相对于长袖来讲，女性的9分袖和7分袖也算长袖。另有一种袖长是在肘弯处，也称中袖。袖子越长越中性化，袖子越向上走、越短越女性化。如半袖想要穿得偏知性、偏中性，袖长要过肘弯。

袖子的长短带来的特质是不一样的，它带来性别感，同时还带来引领感，袖长更成熟，袖短更年轻。

对男士的一点忠告

袖型，随着时代的发展在审美上也发生着很大的变化。中世纪欧洲女装有夸张的蓬蓬袖，而中式女装流行马蹄袖、喇叭袖。随着妇女解放运动的展开和劳作的需要，袖型也向越来越实用的方向变化。然而男装在袖型上的确没有什么发展空间，除了粗、细、长、短，几乎没有什么变化。

现代审美中，男装也有女性化趋势，无袖的T恤也被许多男模演绎。手臂有明显的肌肉块儿的男人穿无袖会很显酷，这时如果穿宽松的裤腿，就形成男士的A型，只有“肌肉男”才可以尝试这种款式，否则会给人很“娘”的感觉，不要轻易尝试。

有许多男人穿西装时里面穿短袖衬衫系领带，这实在不合适。也有人脱下西装外套，系着领带并将袖口挽起来，建议在这种情况下，脱掉西装外衣时，一块儿将领带也摘下来，彻底休闲一下好了。否则就忍耐一下，不要挽起袖口，因为西装领带是严肃着装，是很讲究礼仪规范的。

服装有色彩、有款式，还有面料
纠正普通消费者对面料认知的误区
面料的选择不只是设计师的事

在形象力理论体系中，无论是对于人的形象还是服装色彩和廓型，所要看的都是它表达的“语言”，对于面料也是如此，我们并不关注它的“基因”，而关注这种基因经过后天再造所呈现出来的“样貌”。

面料的语言——“此地”无声胜有声

服装必备的三个要素：色彩、款式和面料。对于面料，我们长期存在着一些误区，认为面料讲的就是质地，其实面料有两部分：

1. 质地。
2. 肌理。

很多人看面料的时候，首先问的是什么质地，是棉的、麻的植物性纤维，还是毛的、丝的动物性纤维。质地是指面料的纤维构成，这部分的主动权不在我们手上，而在服装行业，在服装的制作者手上。作为普通消费者的我们更应该了解什么呢？就是它的肌理。什么是肌理？就是面料的样态，是从审美的角度看面料的肌理所呈现出来的样貌或样态。

样貌和样态有些时候跟纤维构成有联系，比如说丝绸面料，这种纤维会呈现出柔滑的样态。

样态，从面料的角度说有两组关系词，一组是“柔软”和“硬挺”，一组是“粗”和“细”。

传统的丝绸通常是“柔”的，但是曾经很流行的一种属于丝绸的面料叫欧根纱，很薄、很硬、很透。它的面料构成是丝，好多品牌都采用欧根纱，欧根纱颠覆了我们对丝绸的认识。丝本是“细”的，今天的工艺可以把它做成“粗”的，样态应该是“柔”的，而现代工艺能把它制成硬挺的。所以，从我们服装购买、使用者的角度来讲，不必过多地拘泥于质地，质地买保值的，样态买审美需要的。

面料的样态大于质地
看服装不要先讲质地
保值不是第一要求
第一要求是面料样态
它才跟你的匹配度有关

讲两个颠覆性的观念：

第一个颠覆性观念，不要买合身衣服，衣服讲合身不是第一位的诉求，衣服有风格才是第一位的要求；

第二个颠覆性观念，面料的构成里面质地不是第一位的，肌理感才是第一位的。

有财力当然要买好东西，你的生命中充满了好东西，但不是好东西都合适你。

买钻石一定最关心它是多少克拉的，这意味着它与审美的关系不大，而是与价值含量与保值功能的关系更大。从时装的角度看，一件服装最多能穿一个流行季，一个流行循环在三线城市最多也就三年，也就是说这个元素从最早进入市场，到两年半的时候，满大街都是这个元素。所有品牌都追风的时候，人们的心里开始腻烦了，于是服装的流行开始向另外一个方向发展。所以服装的流行，对于具有敏锐度的时尚达人来说也就三年时光。

一件品质很好的服装无法一直流行，虽说经典款是个例外，但经典款每一年多多少少也会有些变化，从这个角度讲面料构成保值的意义不大。如果我们有很多保值的衣服，你会发现，现在很难再拿出来穿，甚至变成鸡肋，留着无用弃之可惜。

我们买衣服的顺序应该是这样的：首先要明白自己衣橱里面缺什么样的衣服，缺哪种风格和哪种味道的服装，然后去买，而不是说逛街看到这些衣服漂亮就买回来了，那个叫冲动消费。买衣服也是投资，最大的需求应该是它看起来适合你，接下来再挑好的质地。

首先是需要，其次是合适，第一件事不要求它合身，要先看它穿出来的风格是否跟自己匹配，接着再看纤维的构成，也就是关注一下质地、面料的粗细、软硬度，这些是构成服装风格的一部分。

买衣服不要一开始就去看标签
这件衣服不是我的我不看
年龄越大越要精细柔软的面料

面料和色调一样也是有年龄感、性别感和性格感的，这是选择服装时要考虑的因素之一，面料越细越有质感。

许多女性买衣服时，第一件事是看价签，那个三千块钱和三万块钱跟你一点关系都没有，如果是适合你的，三万块钱不贵，如果是不适合你的，三千块钱也不便宜。如何看这件衣服是不是适合你？你需要怎样的色调、款式和面料来表达需求？先拿下来试穿，呈现出来的状态很对，再去看服装的细节，包括质地与价格。

面料成分具体是毛、是棉还是麻，是自然材料还是人工科技合成材料，消费者没有太多的选择权，我们更多地要看肌理感，比较细腻、挺括的，会感觉是好面料；粗糙、疏松、软塌的给人感觉是不怎么高级的面料。

面料的柔软和硬挺在性别感上是有区别的，我们说色彩围绕着人的性格感、年龄感、性别感来进行划分，面料的肌理也是有年龄感和性别感的，柔软的面料是成熟的，硬挺的面料更有年轻感。

年龄大的人更“柔”，年轻人更硬，孔子说到了耳顺之年，所有的话都可以接受，这就是人的修炼。而年轻，脾气硬、火气大，所以柔和带来的是成熟，硬朗表达的是年轻。同时性别感也是不言而喻的，“细”和“柔”是女性的，是内向的；“硬”和“粗”是中性的、偏男性的，是外向的。

搭配秘诀：“粗中有细”“软硬兼施”
若有财力，可以在面料上选更好的品质
但是，切记审美是第一位的

一般越细的面料越有质感，越粗的面料质感越差。

面料也有偏女性化特质或偏男性化特质的，女性一穿皮衣，就有帅气感，而男性穿丝绸就有阴柔气，这是由面料的“软”和“硬”，“粗”和“细”不同造成的。

我认为最难搭的服装样式就是丝质的男士T恤衫。如果不是那种特别骨感，或轮廓特别清晰的肌肉男，而是满身肉肉的男士穿着丝质的T恤衫，真是难看要命的。

“柔”和“硬”中间，包含了成熟的、年轻的、女性的、中性的特质，而性格感方面，“柔”是偏内向的，“硬”是偏外向的。同样道理，再来分析一下“粗”和“细”。曾有一款服装叫棒针衫，我上大学的时候穿那款棒针衫出来基本上是好评声一片，所以不舍得把它扔掉，因为是一种美好的记忆，屡屡我想重现它的辉煌时，穿上它却发现不是那么回事了，是因为年龄的关系，意味着我们年龄越长，面料要越细，所以“粗”一定是偏向于年轻的。

人到一定年龄以后，要精致，精致就体现在你的肌理感是细的，不是粗的。

丝绒带来的感觉是有内涵的，是收光的，所以再强的光到它那儿都变成一种幽幽的光感。它给人的感觉是成熟的，有很深的内涵，所以，丝绒适合中年以上的人穿。

同样，皮草也是偏成熟的，年轻人可以选择在局部用皮草点缀的服饰。软面料要配硬配饰，“软硬兼施”。

比如羊绒的面料配围巾时，围巾的质感要硬一点。丝和纱的面料配围巾时，围巾的面料要硬和厚重一些，这就是面料的搭配。

中国的哲学讲中庸，什么叫中庸？不偏不倚。过软，就会把这一方面的语言放大，软到没形，媚到没有筋骨和立体感；而过硬，会太锐利、太有距离感，给别人一种无形的压力，所以在所有的服装搭配上都要秉持“软硬兼施”的原则。

真正好看不是又粗又硬，除非你真的有那么年轻

真正好看也不是又细又软，除非你真的有那么年长

如果一件衣服面料又粗又硬会很不好穿，也很不好看。真正好看的衣服面料是粗中有细。所以面料上要考虑合适的混搭，比如，粗糙的牛仔服外套配细腻的丝绸面料内搭，价值感、时尚感就出来了，减少了质朴感。所以真正好看的是柔中带点刚、粗中有点细的面料，好看是因为它的丰富性和多样性，这是搭配的要领之一。

不同面料之间，有着天壤之别，面料的差异会给一个人形象带来很大的改变。如果一个人的风格是偏自然和休闲的，并不适合穿非常精致的衣服，反而适合穿亚麻类的，如休闲西服会很棒。尽管如此，精致的和粗糙的面料是不一样的，这跟年龄有关，年轻人可以穿很粗糙和硬挺的服装，而年龄较大的人同样穿会有没落感，这是面料带来的不同感受。

人是最复杂的，每一个人都需要认识自己，完成对自己风格的定义。人的色彩是要做测试的，是与生俱来的；风格受后天的生长环境、养成习惯、性格及内心需求影响，不完全与人脸的结构和长相有关，还跟脸所表露的气质和内心需求有关系。所以选择服装的过程是美学、社会学及心理学的一个完美结合，这时的审美达到最佳状态。

服装的色彩、款式、面料还有图案，它们都反映了人的内心独白。

图案是服装的又一个元素
山花烂漫的日子穿什么
外向性格的花色图案怎样表达

一件衣服第一眼看到的是色彩就是色彩在说话，第一眼看到的是图案就是图案在说话。图案千变万化，如何穿出品位，表达自我呢？需要了解图案所表达的语汇。

图案横竖曲直——都在替眼睛说话

服装的又一个元素是图案。比如龙的图案，别的国家的人看到龙就会想到中国，中国人看到龙就会想到皇帝，想到尊贵。仙鹤图案，中国人看到了仙鹤高节清风，而法国人看到了粗鄙和淫荡。受不同的民族文化影响，人看到同一图案会产生不同的感觉。图案是附着在服装之上的很独特的一种语言。

我们看一件衣服，第一眼看到的如果是图案，那么这件衣服主要的感觉就是图案带来的；第一眼看到的是色彩，那么就是色彩带来的感觉。也就是说图案和色彩一样也有人文属性，并且相互作用和协调。

图案主要分成这样几个层次：

大图案和小图案；

规则图案和不规则图案；

简单图案和复杂图案；

单色图案和多色图案；

花朵、植物图案，几何、数字图案，人物、动物图案及物品、景色图案等，不一而足。

这些图案根据不同的工艺手段展现在服装的全部和局部，构成服装不同的表达，同色彩和款式一样展示出不同的人文特性，描绘不同的语境。

无论哪一种图案与净色相比，有图案的更具外向性感觉。单一花瓣与多重花瓣相比，多重花瓣更外向；简单图案和复杂图案相比，复杂图案更外向；大图案和小图案比，大图案更外向。所以图案越大越外向，大到一定程度就有一种侵略感，人的性格也越张扬。就像我们讲艳丽的颜色饱和度越高越张扬，更适合大场合，所以艳丽的大图案更适合户外场合，适合大自然，因为大自然有足够的包容性，无论色彩多么艳丽、图案多么大，都会被淹没在五彩缤纷的大自然中，都能够被包容。

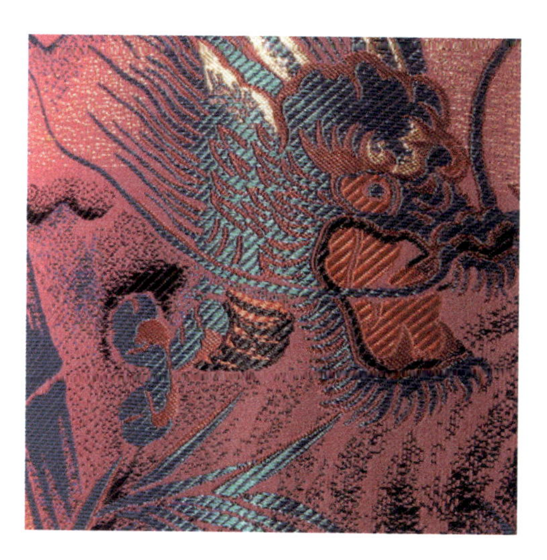

中性化的条纹男女都很适用

你喜欢规则图案的理性因子吗

曲线图案一定是女性的

动态感是年轻人的需要

规则的几何图案和条纹图案属于理性表达，比较讲规矩，具有男性特征。

条纹图案和几何规则图案。

条纹的粗细和走向不同，带来的感觉也不同，横条纹给人平衡感，有利落感，斜条纹有不均衡的动态感，就像比萨斜塔一样，总觉得它应该立起来，是视觉赋予了它动态感。人们习惯看水平以及 90 度角的东西，这样觉得舒服，动的状态会让人有点焦虑和压力。所以，条纹的走势决定了条纹的感觉。

细条纹有精密感、细腻感和更强的秩序感，是规则的、端正的、理性而严谨的。相对于细条纹，粗条纹所带来的是外向的、粗壮的、随意的感觉。所以过粗的、对比度比较强烈的条纹不适合要求高的职业场合，而适度的条纹图案带来理性思维和严谨态度，有规则感，非常适合职场使用。专卖店柜姐、空姐以及保险客户经理等的职业装都很好地利用了条纹图案和配色，展示了良好的职业特点和形象。

格子图案、条纹图案及规则的几何图案都是直线图案的一种，是利落的和干练的，它以一种秩序化出现的时候，就有了秩序美感。对于女性，人们常用知性来形容她的秩序化和理性。这种秩序感体现在有规律地反复出现，所以秩序感也是人类审美情绪的一种需要。直线图案带来的中性化特质，适合各类人群。曲线图案带来的则是偏女性化特质，直和曲的性别感是最为明确的。

花朵图案是曲形图案，是女性的。条纹和格子衫是趋于中性的，被很多职业女性喜欢和需要，同时也深受男士喜爱，对穿惯了净色服装的男人，尝试一下条纹和格子衫带来的斯文与年轻，不失为一个很好的选择。

波点，一个神奇的图案
经久不衰的时尚神话

说到图案就一定要讲一下波点的风尚史。在近代时尚舞台百年历史中，波点似乎从未退出历史舞台，成为永不过时的经典。

波点之所以具有如此强的生命力，原因可以追溯到中世纪的欧洲。密集的圆形出现伊始并不受到喜爱，人们把它和麻疹等患病形象联系起来。文艺复兴后期，波点在法国美容界受到女性欢迎。一直到19世纪中叶，一种在中欧被称为POLKA（波尔卡）的流行舞蹈传入美国，并大受欢迎，于是人们在自己的服饰上纷纷模仿波尔卡舞蹈者所穿的民族服饰上的圆点纹路，使得波点无处不在，从此走入人们的生活，并成为风尚史中浓重的一笔。

19世纪后期，以海滩为主题的波点出现在《时尚芭莎》杂志，标志着波点登上主流时尚舞台。

步入20世纪，波点更是大行其道，几乎以十年一个周期的趋势一波一波地袭来，不仅在T台上赚足了眼球，更是风靡全球。30年代波点从泳装走向各种场合，50年代、60年代继续永不落幕地引领潮流，同时色彩更为丰富，图案更为多样。许多大牌设计师都忍不住“染指”波点，起到了“推波助澜”的作用。到了70年代虽然没有形成巨大流行，但其在社会各个层面的影响力不减。80年代电影《风月俏佳人》中的人物用棕色白点底衫描绘了那个时代的风情，也是复古风潮的代表作。

进入21世纪，波点的流行轮回更加紧密，几乎三两年就回归一次，并且使用得更为大胆，色彩的搭配更为丰富，甚至出现了立体感的波点图案，它的影响力早已超越了时装范畴。更有人提出这样的口号：“以波点之名聚潮流文化”“以波点之名享视觉盛宴”。在时尚界，虽然很难找到哪个知名品牌专注波点，但这个可爱的元素早已成为大众的经典。

女人味十足的大波点
文静气息的小波点
小小波点带有感性成熟的味道
你能把波点穿出浓浓复古风来

男人也可以适当使用波点的图案，气质会有非常不一样的感觉。

有人说大波点代表着自由与豪放，小波点代表着法式的浪漫与优雅。

大波点有浓浓的女人味道，比小波点更具有外向性格，这些看似具有生命活力的波点，流露出极其丰富的幽默感，让人看到年轻、俏皮、活泼与甜美，是许多女孩子的最爱。无论是衣裙、裤装还是运动系列，波点都具有广泛市场。

随着波点的缩小，小到一定程度时，它的外向性格开始收敛，女性味道也在减弱，成熟度加大。那么波点只是女性的专利吗？其实早在60年前，丘吉尔首相就公开在西装领带上使用过波点。1975年，环法自行车赛把带有波点图案的T恤衫作为奖品。近些年波点元素在男装上出现的频率越来越高，在外表硬朗的休闲西装内，搭一件波点衬衣，增加了丰富感，能透露出内心可爱的一面，年轻男士可以尝试。

女孩子对波点的选择余地很大，波点的不同姿态和不同搭配会有更新鲜的美感。夏季是波点恣意横行的季节，无论怎样的波点相碰撞，结果或许都能超出想象，让你在清新娇俏、性感犀利、混搭复古中穿梭横行。

喜欢动物图案的人只有两类
年轻活泼稚气未脱和成熟野性霸气十足
你属于哪类

动物图案是现在常用的一种图案。从抽象图案到写实图案，从局部图案到完整的动物画面，从可爱的卡通到夸张凶猛的动物头像图案，在各类服装的展示中应有尽有，各类文化衫的表达更是丰富多彩，深受年轻人的喜爱。

我国关于动物图案在服装上的应用，可以追溯到商周时期发明的刺绣工艺，当时的服装图案是为了区分地位的尊卑。后来，刺绣图案逐渐发展成美化生活的装饰物，并且普及民间，劳动人民尤其是少数民族人民热衷于将形状各异的动物图案绣在服饰上作为装饰，而最典型的动物图案在服饰上的应用还是象征着皇权地位的九龙袍。

习惯于把凶猛动物披在身上的人，内心一定是霸气的，具有野性的审美观。凶猛动物的图案语言都是大气、夸张、富贵、奢华的。比较常见的如豹纹、蟒蛇纹、斑马纹、虎头纹等都属于这种。

图案和纹样中最强势的是豹纹。能够驾驭豹纹的人内心要足够强大，性格外向，富有张力，否则穿上豹纹就被豹纹湮没了，所以不是所有人都适合穿豹纹装，这与脸的大小，身材的胖瘦高矮无关，跟穿衣人的眼光和气场有关。气场强的人穿豹纹装最好看，最能穿出豹纹的野性美感，同时豹纹也有成熟的一面，会增加年龄感，不太适合年轻一族。

斑马纹、蟒蛇纹，这些都有气势张扬的感觉，带有运动感。小卡通的、小兔子的、小象的、小熊的图案，带来的是稚气未脱的可爱感。所以动物图案是两个极端，没有中间状态，动物图案没有淑女范。一种是非常活泼的、可爱的、动态的、年轻化的图案；一种是大型的、凶猛的图案，配的就是霸气十足的人。

不同地域，不同风情

Leonardo di ser Piero da Vinci
列奥纳多·达·芬奇
Mona Lisa
《蒙娜丽莎》

Pablo Picasso
巴勃罗 · 毕加索
The Ladies of Avignon
《亚威农少女》

淑女味道请选植物图案

浪漫气息更爱随意的花朵

花鸟鱼虫都能上身装扮

规则图案理性选择

植物图案分成两种，一种植物图案是具象的有花朵的图案，比如一朵大牡丹花，一朵玫瑰花；还有一种植物图案是变形的、枝蔓形的图案。

凡是有花朵的具象图案带来更多的是明晰、明确、知性、古典的信息，而缠蔓枝叶的变形图案带来随意轻松感。

我们看两幅画，一幅是达·芬奇的《蒙娜丽莎》，特别有趣的是，《蒙娜丽莎》问世以来，所有人更关心画的是谁。因为是具象，实指其人。但是毕加索的《亚威农少女》诞生的时候，没有人关心他到底画的是谁，因为人物已经变形了。

服装图案也是这种情况，当属具象图案的时候，就有古典、精致感，就像中国画中的白描和工笔，很细腻，所反映出来的是精致和精确。而写意画不同，鸟身上可以一根羽毛都没有，然后一笔勾勒而成，它带来的感觉是不精确的，随意性的。所以，具象化的图案，是端庄明晰的、明确而精致的，会有一点距离感和压力感，而随意的线条，变形的图案会带来散漫的、随性的、不精致、没有压力的感觉。

我十几年前去欧洲，进了一家很小的、精致的水晶饰物店，一进去我就觉得需要小心翼翼，很担心碰翻了什么，进去马上就有压力感，会觉得要跟它们保持一定的距离。虽然店铺小是一个原因，但如果都是很随意的东西，就没有这种压力感，所以精致感给人带来很大的压力。

图案因为能带来不同的情绪、情感，所以需要把具象的、精致的花朵与变形的、枝蔓形的植物图案所带来的不同感觉区分出来，以便我们正确选择自己要表达的感受。

淑女味道的人不适合太大的植物图案，而浪漫气息的表达需要抽象的花朵来写意。

复杂图案不适合年轻女孩
多重花瓣带来了年龄感

图案的大小变化了，给人的感觉随之改变。

小图案、中图案、大图案，它们带来的分量感和性格的张扬感是很不同的。同样是花朵，小的花朵有秩序感和淑女味，有很乖的感觉，也很内向，但花朵图案变到较大时，外向性格凸显出来，同时年龄感加强，规则感减弱；当图案大到全身只见一个大大的图案时，不管是抽象的人物图像还是动物表情，都是年轻人的专利。运动衫、休闲装怎样穿都不过分，年轻的特点就是简简单单，根据这个原则，性格非常外向、张扬而夸张的，这时反倒年龄感减弱，年轻、活泼、俏皮的个性特点就显露出来了。

复杂图案会产生年龄感，复杂多变的花朵不适合年轻小女孩穿着，年轻的朋友在选择图案服装的时候要避免过于复杂的图案，尤其是多重花瓣、多种颜色的丝绸服装，那是中老年人的首选。虽然这种服装看上去动感十足，花色宜人，但也会显得比较老气。

有很多具有民族特色的图案，是民族文化的瑰宝，每一个民族在它成长的地域和共生共长的过程中，其独特自然环境、人文环境以及动植物都会产生不同的、独特的图形、图案，像新疆的很多图案来源于大杏仁——巴旦木树叶的变形，这种我们不熟悉的图案，会让人感觉到异域的风情。

我们对熟悉的图案能很准确地知道它表达的是什么，对不熟悉的图案会缺乏鉴赏力。这时需要通过了解这种图案寓意，从内心判断自己喜不喜欢，这也是学习的过程，学习的意义和价值是突破所在的时空限制，真正让心灵达成一种自由的境界，从而自由选择中意的图案来表达自己的心声。

服装除了色彩、款式、面料和图案的构成

第五个元素是工艺

工匠精神是服装工艺的可靠保证

男装要有好面料，更要注重工艺水平。

精工制作见品质——高级感是做出来的

我认为服装有六个元素：色彩、款式、面料、图案、工艺和配饰。

工艺元素在服装中也比较重要，当前面的这四个元素都过关时，接下来就要看工艺了。工艺是看细节部分，工艺是第十眼看的东西，对于高级服装，即使前九眼都过了，到第十眼不过也是不行的，所以，品牌服装很注重工艺这个环节。

服装从选料、配色、面料使用开始，到部位尺寸、缝制针线的选用、纸板、整烫方法及生产中容易出现的问题都要在工艺中注明，生产基本工艺流程包括布料（物料）进厂检验、裁剪、缝制、锁眼、钉扣、整烫、成衣检验、包装入库等八个工序。最后还会有刚柔性和悬垂性检验以及面料的起毛、起球、钩丝性检验。我们的服装在穿着和洗涤过程中，会受到揉搓和摩擦等外力作用，致使受力多的部位容易起毛、起球，而一些长丝织物容易出现钩丝现象。织物的起毛、起球和钩丝现象不仅使服装的外观变差，且明显影响其内在质量和穿着。然而这些工艺过程都是我们普通消费者无法得知的，有些也很难用手感和眼睛辨别出来，所以我们这里所讲的工艺泛指可用眼睛观察到的做工工艺，说白了也就是缝制的工艺水平和精细程度。现代工艺基本是流水线作业，工厂化制作，在面料、款式不变的情况下，工艺水平成为衡量一件衣服价值的标准。现在有一个热词叫私人定制，宣扬的就是精细服务、工匠精神，也就是讲究工艺的精准性。

现在也有一些服装以手工缝制作为卖点，其实并非手工制作的都好，只有高水平的手工制作才是高级工艺的保证。

什么叫风格
风格有一半是生理的
比如天生的五官结构
另一半是内心价值观的驱使

风格是奢侈品，不是每个人都有的，没有的原因是没有形成自己的特质。

28 岁以前的人一般没有风格，因为他还没有太多的阅历，还不能准确地形成自己独特的风格。

风格是一个人形成的一种特定的感觉，以区别于另外一些人所凸显出来的特质。香奈儿女士说过一句话，“潮流易逝，风格永存”。20 世纪初创立的香奈儿品牌，已经发展了 100 多年，我们所看到的香奈儿的东西都是比较简洁、精美的女士风格，经历了很多的时装潮流变化，许多的主设计师、老板和经营者，没有人敢于改变它的风格。因为香奈儿的特质已经形成独立、个性张扬的风格了，中性、简洁、年轻、职业，尽管有一堆的形容词给它打上标签，但一看就知道它叫香奈儿。它可以不用山茶花图案、链条和皮革的包，一出来大家就知道这是香奈儿的。你只要戴上一串长长的珍珠项链，不管是真的假的，别人想到的是香奈儿，当你穿了一个小直身的毛呢开衫套裙的时候，别人说这是香奈儿的。香奈儿 1971 年就去世了，但她创造的风格到现在依旧不变，这就是“风格永存”的特质。

八大风格，哪种是你的主风格
你在调试和雕塑自己吗
女性所有风格的高级状态都应体现优雅
男人味也不是靠牺牲儒雅而获得的

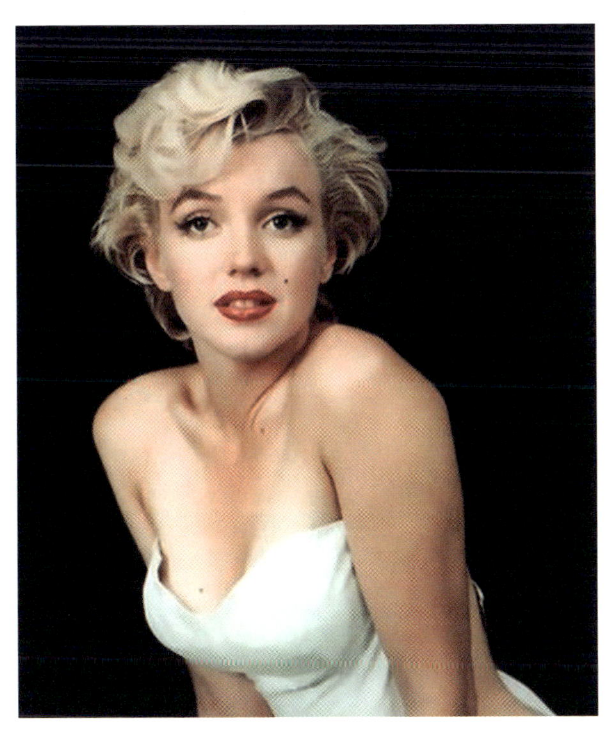

玛丽莲·梦露是浪漫的风格，很有女人味，很性感，但在两性审美上，男人觉得她很好看、很美，女人就不一定这样觉得，因为她没有跨越中间这个轴。中轴带来的是平衡感，所以她的美感是单一的女性美，如果有点中性特质就更丰富了。

在女性八大风格和男性五大风格里，每个人都会有主风格，它是核心的、不加修饰的、不刻意的真实流露，在定位自己风格时一定要找准。同时我们每个人有不同的社会角色和不同职业特点，可以在自己主风格的基础上向接近自己社会角色的方向靠，调整和雕塑，使之在各种场合不失最佳状态。

在风格里面有很多个雅风格，有的人既经典又浪漫，有的人既自然又摩登，融合得好就是一种高级的优雅。自然和时尚是矛盾的，时尚是尖锐的，自然是轻松的；甜美和时尚也不会有交集；而“曲直”“轻重”都会随着年龄、阅历和环境变化而有所变化。

男人味并不是靠粗鲁的、有损形象的野蛮来获得的，儒雅的绅士风度，并不会降低男性美的指数。男人的魅力一半来自外表，一半靠强大的自信感。每一种风格都有独特的美，扬长避短是我们讲的“雕塑”的理念之一。

比如说甜美的少女风格是可爱娇俏的，但是它不好的一面是给人浅薄感，如果到老了都是这样的风格，就没有内容，很苍白。帅气的风格，年轻、阳光、干练，但不好的一面是简单，草率，少了一点点细腻。

时尚风格有个性，脱俗。为什么王菲那么有距离感，却还是有很多人喜欢她？除了歌唱得好以外，就是那不俗的个性。这种个性不是伪装的，是真正坚定自己的追求，时尚的个性只强调“我”，不去干扰别人。而经典风格的人带有很强的传统意识，喜欢把主观意愿强加于人，相处时容易让人产生不爽，所以如何走向真正的经典，还是要看透传统的内涵，参透人生，而不是只看表象。

你是自己的雕塑大师

自己的作品必须由自己来完成

把自己活成精品

形象是你最好的品牌

风格的第二个要素是坚持，找到自己的风格后，做适当的调整，我们可以称之为“风格雕塑”。经过雕塑的作品才能突出个性、彰显魅力，这个过程是个不太轻松的过程，因为要抛弃一些你习以为常的东西，甚至要抛弃自认为对你有用的东西，当然还要学会接纳和改变，当这个过程完成以后，就要坚持。这个过程是重新梳理和雕塑生命个体的过程。

我们是父母亲的一件独一无二的作品，这件作品以出生的原始状态转交到你的手上，你就要把它活成一件精品，这就是后天的“雕塑”。“雕”和“塑”不是同一个概念，把多余的东西去掉叫“雕”，雕是一个减法，是内外形象的雕刻与美化；“塑”是把不足的东西补上，是加法，是要把自己不具备的精气神补上并让它立住，是培养气质的过程。人们常用“腹有诗书气自华”来比喻学有所成，美好的气质、饱满的精神，需要多读书、多思考，积累知识和学问，人才会才华横溢、气质高雅。所以我们要在学习中汲取养分，在生活中孕育养成，在精神气质上塑造自己的良好形象，形成自己的风格特点，坚持到一定程度，就会成为一种特质。

讲一个雕塑家罗丹先生的故事

为什么要雕塑？为什么要割舍？

讲一个例子，罗丹先生，世界上最著名的大雕塑家之一。他为巴尔扎克先生塑了一座半身像，雕完以后特别满意的是巴尔扎克拿着鹅毛笔的那双手，简直栩栩如生。他把得意之作放在了庭院里，听他周围的朋友和学生来评价那件作品，结果所有人进来都觉得，哇！多么完美的一双手。太像能写出90多篇巨著的一双手了，简直传神，可以说是入木三分了。

罗丹本人也十分喜欢这双手，但是一段时间以后，他忍痛把这双手去掉了。

对自己的作品进行删减是需要下很大决心的。为什么罗丹要把巴尔扎克这双雕得无比精美的手去掉呢？因为他不想只是雕巴尔扎克的手，他想雕的是巴尔扎克。

所以我们雕塑的目的是寻找和发现“真实的我”。找到了就要坚持。比如王家卫的眼镜，王家卫大家都知道，摘下眼镜大家可能不认识他，但是当他戴上眼镜的时候别人就说这是王家卫，说明他的风格已经确定了。当你周围的人提到某种风格的时候，第一个想到了你，说明你的风格初步形成了，说明你和你的服装语言、语汇达到了高度的统一，这种一致性非常重要。

告诉大家一个残酷的现实，风格不是每个人都有的，风格由一半生理、一半心理构成，它需要一些修炼，需要一些养成。

风格就是你家的花园，没有本事的时候花园小一点，可以在你的花园里任意种花，但不可以到别人家的花园里去种花。随着你对自己风格的接受、领悟以及建设，你家的花园会越来越大，大到可以随意行走。也许你的服装和配饰品种款式繁多，“多”与“少”只是数量概念，在于对自己风格的了解和驾驭程度，能不能承载得起这些物品，不能承载时它们是一种灾难，能够承载后就是你的一种自由。

有人说：我穿衣很随意，我说NO!许多人穿衣不是随意而是无意识。一个东西从无到有，一定有些痕迹，刚开始是懵懂、无知和愚昧的，当穿衣开始刻意时，说明觉醒了。刻意中的随意，是一种自由状态，可以收放自如，可以随便穿，到那一天，你可能拥有世界花园。所以我们得先从刻意开始，从刻意行走到随意，就意味着进入高级阶段了。

女人八大风格

甜美、帅气、时尚、文雅
自然、经典、浪漫、摩登

读懂风格坐标——看谁可以任意游走

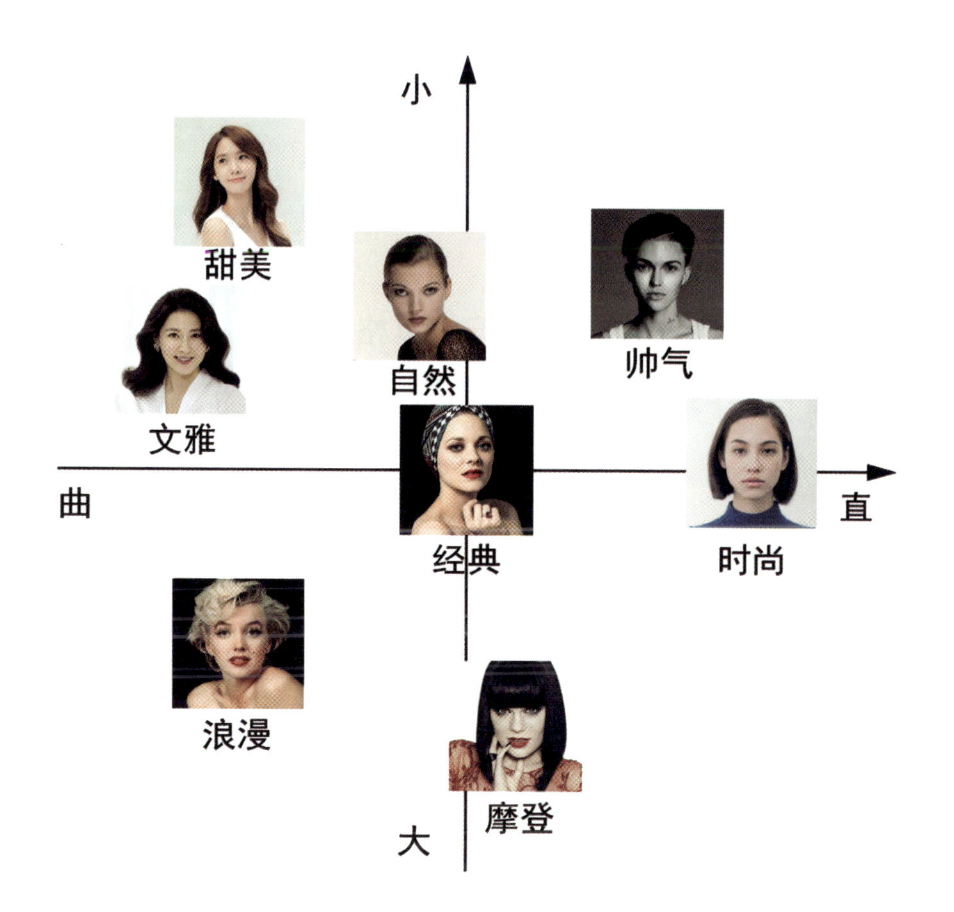

气度是“端”的女人一般具有经典风格，经典风格是中庸的，不惊不乍、不偏不倚，极具平衡能力。

先说一下经典，我们常说某某是经典美人，这种风格的人有什么特点呢？

在十字象限的曲和直横轴上，中间那点就是经典风格。

经典风格类似我们中国人讲的中庸文化，就是不偏不倚，讲求一个“端”字，永远能在一个水平线上找到平衡。另一个字为“庄”，就是有庄重感。庄重的人会有一定的分量，是一个心中有数、有主见、有主意的人，所以经典风格是中庸状态。对于女人，若她不是特别女性化也不是特别中性化，不是特别“轻”也不是特别“重”，就能形容为“端”和“庄”了。大多数女性到了中年以后都有一点经典的韵味。

男士五大风格

时尚、儒雅、自然、经典、霸气

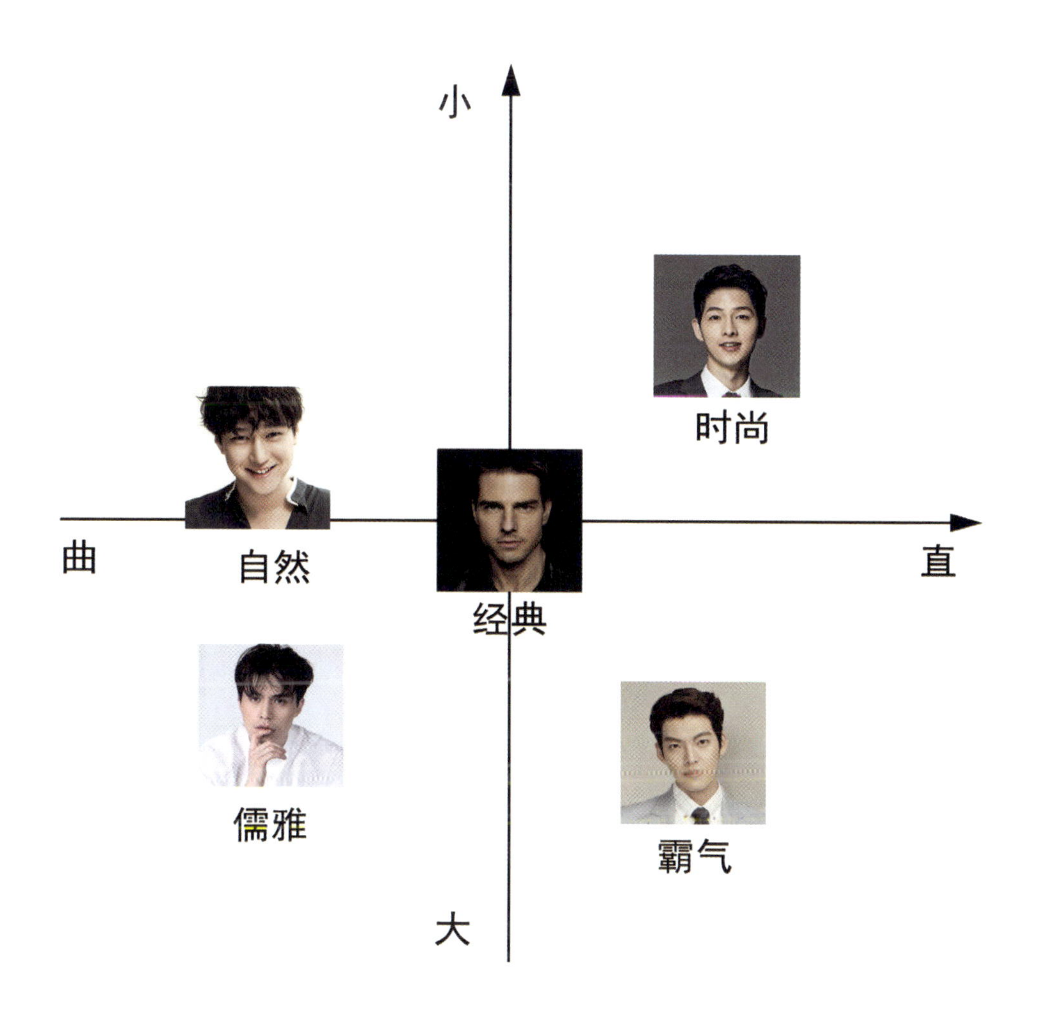

男士的经典风格也处在中间位置，具有儒雅的绅士风范。

在成功的人群中，经典风格的人比较多。一个人的家境良好，事业比较成功，第一说明他在生命的各个角色中间平衡能力很强，第二在平衡中有了一定分量。

从以经典为一个核心的十字象限看，其余的都比经典的分量要轻，这个轻是指不够庄重和不够成熟，分量轻的都会有年轻的感觉，分量重的都会有成熟的感觉。因为人类社会年龄越大，积累的权威、权力越多，权威感越强。我们很难说一个孩子很权威，但是一个老人说一句话都会有权威感，这个就是分量，就是重量，从这个角度看经典，它是普罗大众认同的居中状态。

经典人的着装选择

经典风格应注意和规避的服饰

男人中，著名演员陈道明是经典风格的代表，无论他的五官还是个性都体现了经典风格的特点，除了角色的需要，陈道明出席各种场合的着装都非常符合经典风格。

女性中，斯琴高娃在电视剧《大宅门》中饰演的二奶奶，充分演绎了经典女人的端庄美。

生活中不乏经典风格的案例，我们可以观察一下成功的企业家，大都具备一些经典风格特质，这不是先天五官给出的，而是后天打磨出来的一种精神层面的气质。这种气质不是刻意为之，而是环境和社会角色造就的结果，是一种自觉或不自觉的行为特点，因为企业家需要理性的、逻辑思维的头脑和权威的决策能力，也需要良好的平衡能力，所以这不是简单的形象塑造可以完成的。

经典风格的女士适合穿长A、H和不太夸张的V型，色调的使用也以古典色调为最好，图案不要特别张扬，总之是与经典风格最为相宜的廓型，色调和图案均是不偏不倚的中间状态。但是有一点，经典风格需要精致感。鞋子、配饰和包包都不能够太随意，要有一定的品质要求，这样才能充分表达出经典风格的人端庄美丽的特点。

经典风格人更像老师
文雅风格人更像妈妈

文雅和经典最大的区别：一个是小家碧玉，一个是大家闺秀。

职场上成功的老板一般都有经典成分；职业为财务经理、银行经理或跟钱财管理有关的职业女性，一般都有文雅成分。原因就是从职业角度来讲，经典风格的人更像老师，文雅风格的人更像妈妈。经典跟文雅的最大区别是经典端庄，文雅精致；经典更显大气，文雅则小家碧玉；经典偏理性，文雅偏感性。这是两种风格的不同特点。

有一次我和杨澜同乘一班飞机，杨澜坐在我后面一排，我们在头等舱等候起飞时，有一个孩子在我们周围绕来绕去，刚开始我没有意识到是杨澜的孩子，不会很自然地把她跟孩子联系在一起，因为她的举止行为过于理性，身上更多的特质不是像妈妈，而更像是老师。后来她的孩子闹得比较厉害了，她开始小声地跟孩子说话，要求他坐下来，别吵闹，这时我才看到杨澜感性的一面。杨澜风格里最好的特质在理性的一面。所以当她以经典风格出现的时候才像她，才是人们熟悉的杨澜。但其实再理性的人也有感性的一面，只是某些时候、某些场合需要去掉而已。

典雅是女神的代名词
请找准经典和文雅风格的位置
你就可以在它们之间任意游走
平衡是人间大美

贤妻良母是文雅的代表，是中国传统的好女人形象，圆润、温柔、贤良。文雅的精致感是第一位的。经典的是《大宅门》里的二奶奶，是大家闺秀，理性又固执，能够掌握大家族，虽然也需要有些精致感，但它是排第二位的。

所谓精致感就是什么都不能太大，才称得上精致。因为有点娇小，也就给文雅人带来了些小家子气，所以在日常生活中，最好的一种风格，是介于这二者之间的，叫典雅。

典雅风格既有文雅的温良，又有经典的端庄。其实生活中很少有纯粹的文雅和经典，一般都是介于二者之间。有些人表面上比较精致、小巧、细腻，但是内心如果强大就走向了典雅，她的主风格就在经典而不在文雅。如果在经典里面多了一点娟秀，多了点感性时，她的风格就成了典雅。

我们熟悉的金喜善是典雅风格的代表，既有经典的理性和分量感，又有女人的温婉和圆润，气质端庄而亲切，跟人没有很强的距离感。

文雅的人可以尝试小A型、短H型、X型及小O廓型，如果要向典雅靠拢就可以尝试这几个的大廓型。

经典走向自然是美中之大美

自然是人的天性

顺其自然是自然风格的本质

经过修饰的自然美是最高级的美

自然中的文雅是雅中清雅

测试一下自己的风格，如果你过于精致就稍微加大一下气度，如果你过于理性就让自己温婉一点。

自然风格处在十字象限的右侧偏上，有一点分量，有一点理性，但都不重，它和文雅相比少了点曲线，也少了一点女性味道。

自然风格无论男性还是女性，最大的特点是崇尚自然，喜欢纯天然的东西，性格中也喜欢顺其自然，内心比较豁达，像大自然一样包容。这种风格与经典人相比，没有经典人平衡能力那么强，也没那么庄重和精致，分量感没有经典人重。自然人比较轻松随意，所以第二个好看的风格是文雅到自然的过渡。这样的风格比较典型的代表有高圆圆、李冰冰，我们称之为“氧气美女”，就是看到这个人会有一种“慧”的感觉，是聪明有智慧的，不是小聪明而是大智慧。识时务、明事理，男人中的典型代表是演员中的黎明。

自然和文雅结合出来的雅风格，称为“清雅”，既有通达随意的一面，又有轻巧的一面；自然与经典的结合多一些理性和端庄，既有经典式神韵，又呈现自然的形态，是一种理想的自然美。自然与摩登结合时会出来一种异国风情。

风格为什么要从经典开始说起，因为经典是一种最好的风格，它处在象限原点，是符合人类共性审美的典型形象。经典意味着不仅符合过去时代的审美，也符合当代审美，是最深刻地体现人本性的东西。只不过今天的经典被很多假经典演绎得比较古板、比较刻板，真正的经典应该是内心张弛有度、不偏不倚。

自然的风格穿长A型和长H型都会好看，面料也以棉、麻、丝等天然织物为佳。这种风格的人可以任意混搭，潇洒随意，饰物杂乱地挂在身上也不难看，价值不高的皮质、木质、贝壳类饰品在身上也不显廉价，会有一种自然美。

帅气与甜美哪个更像我

萌妹的我能在少女路上走多远

永远保持一种甜美，就是不老童话

有少女情怀的大女人有啥特点

甜美风格和帅气风格是分量感最轻的两个风格，分别在十字象限的左、右上角。

女孩子在成长阶段，还没有达到28岁以上年龄的时候，一般会有两面，要不就像一个小女孩，要不就像一个小男孩，这是一个不成熟的总体风格，多了少女的乖巧成分就是甜美风格，“曲”的成分多些；有了灵动、调皮的男孩气质就是帅气风格，就偏向于“直”。区分这两种风格很容易，但也有人既有点少女的甜美也有帅气的直感，这一类人很简单，最大的特质就是年轻化，看第一眼就会觉得她年轻，但到底是偏向女性还是偏向男性并不明显，在中间这个状态，两边都沾的人会很好看。

处在中轴位置时说明这种人的平衡能力是很强的，只是与经典相比还是稚嫩的。风格里有一些男性的东西又有女性特点是最好的，因为本身作为女性，所有女性风格已外化表面，如果内心有男性的支撑就是大女人，如果神和形都很女性就是小女人，所以无论甜美还是帅气都可以向经典靠拢，这时就有一种高级的、优雅的美感出现了。

甜美风格如果加大分量感，会向浪漫过渡，由小女人变成大女人；当帅气风格偏重、人过于偏“直”时，会向时尚靠拢，加大分量感就会显现摩登风格的霸气。

奥黛丽・赫本是人类顶级女神
她演绎了从甜美中的帅气走向成熟的经典
她的形象是优雅的代名词
年轻态需要有一双纯净的眼睛看世界
美丽不必模仿，需要修炼

奥黛丽・赫本：迷人的双唇在于亲切友善的语言，可爱的双眼是因为它善于看到别人的优点，苗条的身材是因为将食物与饥饿的人分享，美丽的秀发是因为孩子的双手经常抚摸它，而优雅的姿态来源于和知识同行。优雅是唯一不会褪色的美。

审美的结果，是丰富的内在美与典型的外表美完美的结合。就像奥黛丽·赫本，全世界的人都承认她很好看，她眼神调皮而灵动，纯净而明快，给人极年轻的、率真的感觉。既具有帅气风格的特质又有文雅的一面，既有女性化的精致乖巧、温婉柔和的外表，又有深入骨髓的精神上的富有、人格的独立、智慧与才华，这些都使得奥黛丽·赫本成为公认的、美到人类顶级的女人，所以她的美丰富而犀利，摄人心魄，镌刻恒久。

奥黛丽·赫本受到全世界人的喜爱和半个世纪的模仿，有人模仿她的发型和妆容，有人模仿她的服装和动作，但始终没有人能表达出奥黛丽·赫本的神韵。所以，做最好的自己是第一位的，要想犹如她那样的优雅，就多一些人生的修炼。记住奥黛丽·赫本说的话：女人的美丽不在于她的穿着，她的身材，或者她的发型；女人的美丽一定从她的眼睛中找到，因为那是通往她的心灵深处的窗口，“爱”居住的地方。优美的姿态，来源于与知识同行而不是独行。

我们生活中不乏甜美和帅气型的人，他们需要简单、利落的装扮，不需要繁复的首饰和配饰，短A、短H都是这类风格人的首选，适当使用O型也很好看，但要注意避免X型的、过于女性化的打扮。

浪漫主义情怀是浪漫风格的精髓所在

“浪漫”是所有人的追求

能浪漫地度过一生是一件多么美好的事情

优雅地慢慢老去，是许多人描绘的美丽故事

黑格尔说：“浪漫主义艺术的本质在于艺术客体是自由的、具体的，而精神观念在于同一本体之中——所有这一切主要在于内省，而不是向外界揭示什么。”

浪漫主义风格是将浪漫主义的艺术精神应用在时装设计中的风格。在服装史上，巴洛克（Baroque）和洛可可（Rococo）服饰具有浪漫主义的特征。1825 年至 1850 年间的欧洲女装属于典型的浪漫主义风格，这个时期被称为浪漫主义时期。

我们这里讲的浪漫是指人的风格，只有人的风格是浪漫型的，才能自发地将其浪漫的精神观念与浪漫主义服饰很好地结合起来，从而构建出视觉形象上的审美浪漫。

浪漫风格在十字象限左下角，和经典相比，分量感、成熟度都强一点，因为浪漫的人存在感比较强。浪漫的人精神生活丰富多彩，具有想象力和表现力，有理想主义倾向，给人不食人间烟火的感觉。其肢体语言呈曲线，眼神妩媚而性感，表情丰富，具有迷人的柔美曲线或热情奔放的性格特质，所以浪漫是外向的、是女性化的，也是偏感性的，其年龄感既不成熟也不年轻。浪漫和经典结合得好会出现一种华丽感，所以风格的雕塑要有取舍，以期达到美的享受。

我们熟悉的公众人物刘晓庆外形上是浪漫风格，她有一双弯弯的、迷人的眼睛，上扬的眉毛和嘴巴，但后天的演艺生涯造就了她另一面的性格，骨子里有一种野性美，所以她也可以很摩登。

男士浪漫主义的典型代表人物要属胡歌，他浑身透着一种轻松、自由的气息，洒脱不俗。

浪漫风格的人在廓型上有很多选择，X、T、A、H 型都可以穿，领型和袖型的变化也不太受约束，面料以轻柔飘逸为佳，图案可以驾驭大花，色彩丰富、复杂多变的曲线花纹，配饰也可以华丽多彩。

摩登永远走在时尚前沿

帅气摩登，利落有致

怎样表达我的时尚态度

摩登不仅仅是服装的表达

更是意识是否与时代同步

摩登在十字象限的右下侧，和经典相比，它有更多中性特征，分量感也略重一些。“摩登”一词最早出现在佛教中，19世纪20年代末期，因为与英文的modern读音相近便有了“现代”“时髦”的意思，所以我们这里的 “摩登”也是时尚、时髦、现代、前卫的表达。

摩登，是一种很有个性的风格，不同于简单的时髦，时髦是有时限的，流行趋势一过，就会过时。而摩登风格的人则不同，总会让人感觉不同凡响，有着超越时空的魅力，他的出现会让人有异样的审美感受，所以五官长相也会与传统的美不太一样。我国著名的国际名模刘雯是比较典型的代表，她不是大家公认的漂亮，而是能被业界誉为灵感缪斯的那一个，这是摩登风格的人特有的品位，是一种无法超越的气质美女。

他们具有独特的审美和不走寻常路的表现欲望，敢于尝试新鲜、奇特的服饰并赋予它美感，这样的人有独树一帜的能力，在人群中很是抢眼，所以与人有一定的距离感。

由于摩登风格的人偏中性气质，属于直线条，所以比较帅气脱俗，能够驾驭硬朗的皮质服装和金属配饰。如果在气质之中多一些文雅的成分，就会走向雅致。

雅致不是天生的气质，是后天的修为

你处在“时尚”引领风骚的时代

出位是一种个性美

别把“时尚”和“另类”画等号

时尚风格在十字象限的右上角，是所有风格中最直的形态，同时也最具理性和男性化的特征，在分量感上居中。

这种风格典型的代表人物是王菲。我们都知道王菲的妆容一贯比较有个性，她可以把高跟鞋顶在头上，也可以把棉被一样的大衣裹在身上，但你不觉得奇怪，也能欣然接受她的造型。试想，这样的装扮换作给自然风格的人尝试，结果无法想象。因为没有前卫的特质是驾驭不了前卫服饰的，估计 90% 的人都不能胜任这种造型，所以王菲的主风格决定了她的气场、她的品位和大家接受她的程度。

张曼玉在前卫中多了一些味道，透出来一份雅致。雅致是什么？多了一些别致不俗的东西。张曼玉从最早被视为花瓶，到最后成为电影圈公认的演技派，这个过程就是她成长的过程，也是她风格转变和丰富的过程，所以风格不是先天就有的，它和后天的修为有直接的关系。张曼玉从演员到艺术家的过程使她的风格里多了些女性化的文雅，把尖锐的前卫变成了温柔的水，同时又有别于其他的很“曲”的女性，所以在雅的大风格里别具一格，形成雅致，这种风格如果没有她前卫的、摩登的主核心在支撑，也是出不来的。

人只有穿出自己的风格才自信，那种自信是从骨子里透出来的，不光自己感觉到很自在、很舒服，别人也能看到真实的你。

人的五官是构成风格的要素之一
表情和结构感共同形成了一个五官氛围
五官氛围带来风格的定位

五官和神态在为你的风格谱曲

在不考虑心理需求的情况下看定位，首先看五官中人的眼睛、鼻子、嘴巴，整体透露出来的一个氛围，这种氛围带来的是结构感的强弱，是合乎标准结构的比例。中国人传统的审美是居中的，结构感不太强也不弱。五官的结构感，横平竖直就是端庄、端正的中间那个点，是经典风格的代表。在共性审美经典的左边，横轴上最强的结构感是一个浪漫曲线，眼睛、眉毛、嘴巴都是曲的，结构感是向外延展的，这种人超越了一般人的美，甚至可以称为美艳。当五官结构感外延，呈现出来的轻松感，再往两边外延就体现出了媚态，眉梢眼角都是那种非常感性的、成熟的、动人的浪漫之美，这个结构感是松的且成熟的。

结构感最弱的，是我们所说的“三庭五眼”审美的标准都是向内的，结构感是紧的，这种人虽然不符合“三庭五眼”标准的审美，但带来的一定是年轻的、动态的、个性的、调皮的，具有更直、更帅的感觉。

所有的五官特质都带来一种氛围，首先是氛围的结构感，然后是氛围呈现出的性格，性格外化形成的就是人的表情。除了演员夸张地应用脸部的线条和肌肉来表达某种情绪，一般人的表情都是内心和性格的真实写照。内心安静的人，表情会比较少；非常理性的人，不会有太多扬眉瞪眼的表情。表情和结构感共同形成了一个五官氛围，给人带来了第一印象，比如：甜美少女、斯文先生、温婉少妇、铁面硬汉，等等。诸如此类的感觉，其实就是氛围带来的风格定位。

风格是人一生的修行
给自己一个定位，找到自我
给自己一个出位，你会更美

风格的形成一半来自先天的“形”，一半来自后天的“象”。

什么是风格？风格是一个人一生的修行，修行到一定年龄形成的一种独有的风格。在艺术品的门类里，当业界把某人的作品称为某种艺术风格时，是一种很高的赞誉。对普通人来说也一样，如果别人对你的风格给予认同，说明你也很棒了！形成并拥有自己的风格不是一件简单的事，那么要从哪一步开始呢？首先是发现之旅，发现自己，雕琢和完善自己。

关于风格，先定位再出位。什么叫定位？找到自己风格的过程。找到自己家的花园，把自己的位置定住，知道最好的那一面是什么，清楚了自己的风格，才可以让花园越来越大，盛开自己喜欢的花朵。

之后才开始进入第二步，叫作出位。出位是什么？出位就是在风格中体现出韵味来，充分地、完美地展现自己，使风格和韵味得到最好的融合是出位的高境界。

在定位过程中，先了解风格“形”的概念，就是十字象限的纵、横轴所代表的内容和意义，女性化并感性的感觉在最左边，也代表着最“曲”的一面；男性化、具有理性特质的在最右边，是最“直”的形态；中轴点代表居中，称为中性的或者知性的状态。

纵轴代表分量感和年龄感，上面是年轻的，同时分量感也是轻的，下面表示年龄感是成熟的，分量感也是重的，处在中轴点则各项特质居中。

美出你的独一无二

找到生命中最有价值的自我，就找到了你的风格

人没有缺点，只有特点

人有一双发现的眼睛很可贵

有一双发现自我的眼睛更难得

生命中最有价值的自我——你的风格

什么人有风格？肯定不是一个“社会的我”，因为“社会的我”是我们要扮演的角色，也不完全是一个“动物的我”，真正的那个“我”是什么？就是在整个生命过程中能够把自己活成一个作品，找到自己的核心价值，这个核心价值是“我没有缺点，只有特点”。

我们从小被塑造的形象是应该更高、更白、更苗条、眼睛更大、鼻子更高挺、嘴唇更丰满，而当你发现这一切根本不属于你时，你怎么办？所以，第一步要发现和找到自己。接受父母亲给的所有东西，不要用批判的眼光了解自己。

首先要发现风格，小时候我是一群小孩子里面最黑的那个，我的父母把这么黑的皮肤遗传给我，长大后，却变成我独一无二的特质。上大学的时候，很多人不知道我的名字，但都知道那个不是体育专业的、皮肤却最黑的女孩子。

每个人都有他独特的美，不要用批判的眼光审视自我，要接纳自己。在接纳的同时，重新雕塑，找到自己的风格，找到那个生命中真实的、有价值的“我”。好好了解自己、适当的取舍和坚持就会成就自己。当你的风格形成，拥有了驾驭这个风格的能力时，你就可以做一个百变女人，因为你已经掌握万变不离其宗的核心，在这个核心的主导下无限地外延，展示你的美丽。

接天莲叶无穷碧，映日荷花别样红。

摄影：王佳

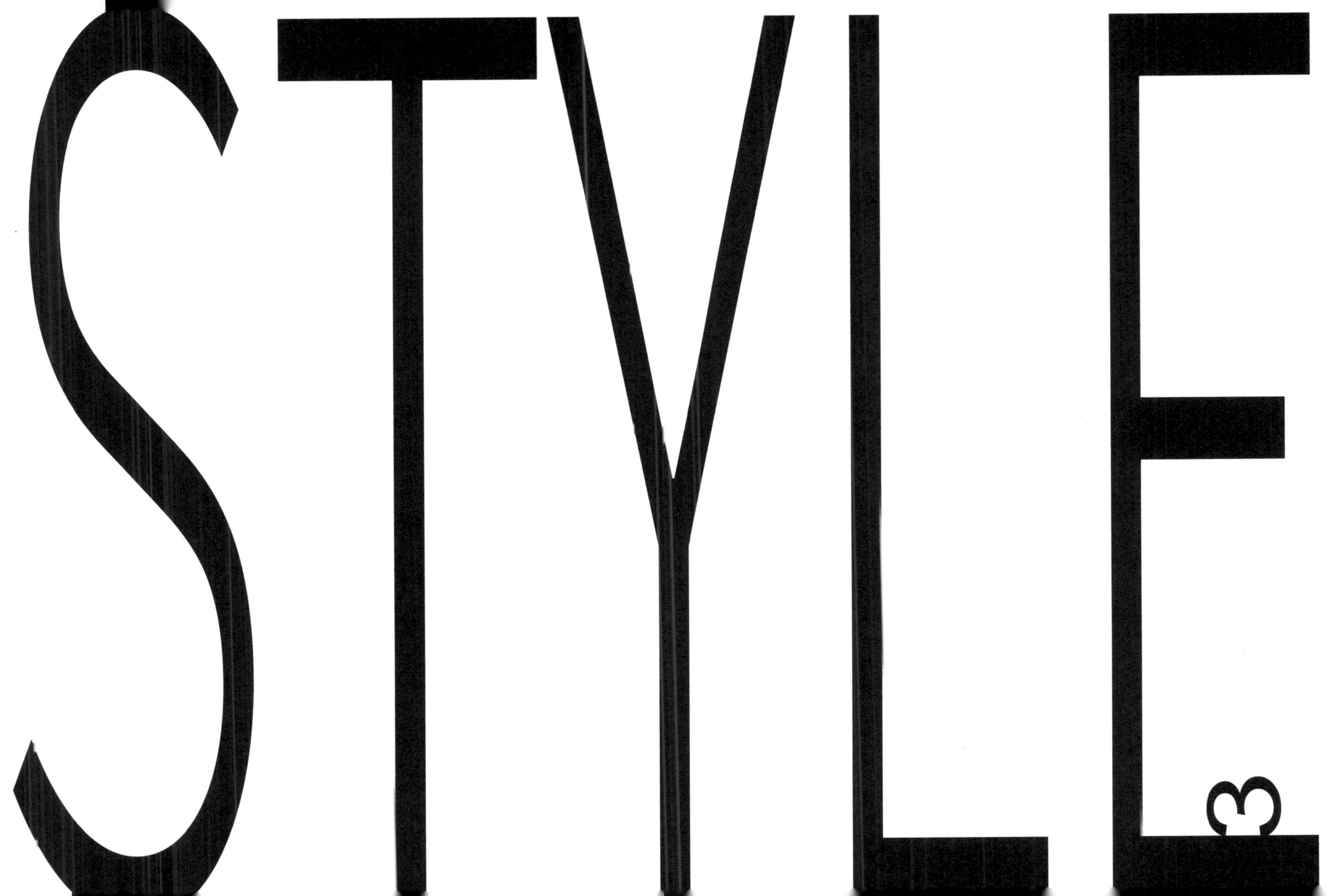
STYLE
3

请记住：我的形象我做主

真美需大智慧

做个神搭大师

给美一个自由

形象力看似瞬间产生，却有恒久的影响力

我这本书一直想帮助读者解决的是："我"与服装的关系，什么样的服装跟"我"有关系，什么样的色彩合适"我"，什么样的色彩是"我"应谨慎使用的，什么样的风格是"我"的主风格，怎样做好自己的服饰搭配师，一切从"心"开始。

Chapter 3 搭配奏鸣曲

生活中，我们能因读一首诗而被触动，看一部电影泪流满面，那么我们是否会在闲暇时，一个人坐在那儿想一想，笑一笑，觉得这样的人生是美的？

美是什么，美就是善良和智慧，就是在你有限的时间，从零岁开始到八九十岁甚至到一百岁，活出了生命的深度和宽度。我们看这幅《富春山居图》，这幅画的作者，82岁开始进入他艺术人生的巅峰状态，他画出了中国人的人生哲学：此山不是此山，彼山也不是彼山，此山是仁者乐的山，此水是智者乐的水。我们对于“美”和“善”的修行要用一生的时间来完成，美在一生。如果直到中年以后才悟到这个道理是很可惜的。现在，借由“形象力理论”给出的技术性支持，用美的形式，给自己一个艺术性的升华。提升心目中的善良和智慧，你会在不同场合、地点、人物的服饰搭配过程中，不知不觉地理解自己与另外一个生命体的关系，比方说：夫妻关系、伴侣关系、他人关系，也会明白人和物产生联系，一定有相应的关系。

审美也是如此，如果你今天想表达的是一种帅气，别人看到的是一种浪漫，这样一个语境就变成了一个高速立交，在一个不同的层级内交叉行驶而没有相遇、没有擦肩而过，也就没有一份生命的感动。所以我们把每一个个体的经验，从审美体验中抽离出来，上升到人类整体无意识的审美经验和体验，透过一个形状看到他背后的形象，看懂这些形状背后透出的形象和印象的时候，就形成一种“态”。它就是一种关系，可以在极短的时间、电光石火之间给别人传递此时此刻你是谁，你们是什么关系，让人准确地认识你、理解你，读懂你的语言和表达。

黄公望（元）
《富春山居图》

形象力是社会学

形象力也是美学

同时形象力还是管理学

形象从服装做起，审美从色彩入手，美丽从管理开始。

形象力 G 大调——提升从照镜子做起

人一生中要解决三层关系，第一层是人与物的关系，第二层是人与人的关系，第三层是人与心的关系。

我们在色彩部分就开始涉及人与人的关系、人与心的关系问题，一个人如果可以将红绿搭色运用得很好，他的人际关系、两性关系、亲子关系都会处理得很好。这看似神奇，但实际上最终支持我们在服饰搭配上走得更好的，一定是深入了解人和自己的关系、人和心灵的关系后的“得道”。

当我们每一天都穿得到位、打扮得漂亮时，镜子中的形象就会赋予自己一个正能量，心情也会很好。走出家门，别人能够准确地认知，并进行一个非语言的沟通，人们能看明白这个人的心理状态，他是在人生的低潮期还是高峰期，他今天的状态想表达的是一个什么样的内心的情绪和情感。

“形象”是社会学。因为这个社会不因你一人而存在，经常有人会说我愿意、我高兴、我舒服。如果他是一个独居动物我同意。但是如果是个群居动物，就必须考虑人和人之间的关系，人是有社会性的，要考虑别人的感受。

“形象”也是一个美学。什么样的东西是美的？合乎规律的、符合共同审美的。认同波澜壮阔是美，小桥流水是美，风花雪月是美，繁花似锦也是美，说明人类有共同的、集体无意识的情感反应，就是对“美”有共性的认知原则。

同时，“形象”也是管理学，这里的管理学是什么？把自己的人生借由不同的形象和场合表达出来，服装搭配就是修行的一个场，把它管理好。

管理形象简单到一个照镜子的过程

生活中也要看整体、看大方向，别抓住细节不放，这样幸福感也会多一些。服饰搭配也是一样，穿衣照镜，看整体搭配，找到你要的感觉。

我们常用两种镜子，一种梳妆镜或穿衣镜，可照大面积、照整体；一种是补妆小镜子，可照局部。许多女性恰恰有一个问题：小镜子照多了以后，会专注于细节和局部，总去关注一两条皱纹，两三个痘痘。要学会先看等身穿衣镜前整体的自我形象，再看细节。

生活中要关注大方向，看大的问题，不拘泥于细节，别把自己逼到死胡同里，别钻入牛角尖里，这样就会大气起来，也容易有幸福感。

所以穿衣搭配看形象、看整体、看味道、看形状。形状是可标识的，可量化的，形状背后的形象，是一个服装的搭配，是一个变量。我们都有这样一个印象，上台领奖的嘉宾，当被喊到名字时，在众目睽睽之下起身的第一个动作一定是整理衣服，是让自己更自信，走出去更像自己。人只有做自己的时候才是最自信的，扮演别人的时候是钻到别人的灵魂和躯壳里去了，就不自信了。

我们要看自己整体是什么形状，表现出自己的状态了没有？形状背后的印象和形象是不是自己要的？如果是，就 OK 了！

悦纳不完美的自己
提升形象力是一个修炼的过程
修炼过程需要突破自己的心态
坚持自律，就能蜕变

许多人讲修养、讲礼仪、讲精神世界的提升，甚至把形象美和精神美分割开。细细品味一下：一个把整体形象打造得很完美的人，他的精神层面是否空虚？答案是否定的，因为没有精神层面的支持，他的形象肯定不完美，所以两者是密不可分的，形象力的提升是整体形象和影响力的提升，是一个人一生都要修炼的事情。

我的一位朋友曾买了一件黑色小西服，非常有质感，很好看。但是买了以后不知道怎么穿，很难搭。因为那件衣服在后背挖了一个洞，其实是为了突出臀形的。她起初不敢穿，没有看懂人和物的关系，没有读懂自己和心的关系，没有看懂这件衣服真正好的设计点在哪，只是想突破一下，一冲动就买下了这件衣服。后来我建议她可以搭红色、绿色以及黄色的裤子；告诉她这件衣服的特别之处，在于它的廓型设计，要有很好看的臀形和腿形相配合，而不习惯展现美的她，在不能接受这种设计时，穿上后还是希望把露出的部位再遮盖住，所以不敢穿。穿上这件黑上衣，配上一条红裤子，一个亭亭玉立的全新形象，但这不是平常大家看到的她。这时怎样接受新的自己？接受的过程是自我认知的过程，是人和物是否匹配的过程。

我是一切的主体，我是父母亲的一个产品，通过修行、修炼，活出自己生命中的作品而不做赝品。赝品是模仿别人，说别人的话，人一定要说自己想说的话，这是我们一生都要做好的功课。

借用形象力修炼是这样一个通道。服饰是我们的一个道场，是人每天都要面对的，是世界的一个符号。在这个道场里，人和服饰共同构筑了一种关系，这种关系无时无刻不在告诉别人我是谁，我是一个怎样的人，我的成长经历和阅历，我想表达的语言和关系都在服饰里面，人跟服饰形成了一种审美关系。这个过程让人真正能够感知自己的肥胖、自己的瘦小、不够高的个子、不够纤细的腰身、不够翘的臀和不够修长的腿，感知这个世界上独一无二的我。接受这个过程，然后再找到我和服装之间的关系，就会突然发现这个世界好玩、好看的东西很多，各花入各眼。所以，当你以时间为代价，却一无所获时，这一生是无味无色的，活得失败；而当付出时间做到美不胜收时，这一生，活得值。

场合着装是你和“它”的关系

任何的“场”都是存在的载体，人活着不是在家就是在外面的某个地方，人的流动就是从此场合转移到彼场合的过程。

人和物的关系，这里是指和服饰的关系，人和服饰共同构成了形象。

这个形象以人为主体，服饰配有相应几个元素，色彩借用色调这种集中的方式讲述几种人文特性，用人文的不同感觉表达想要说的话。接着还有廓型、图案和风格，它们通过彼此的协调、结合，共同表达出人物与服饰的关系，描述形象特征。

在形象上，有三种形，一种是一对一的；一种是一对多的；还有一种是可以无限想象的。

对于服装，不要简单看成是一件衣服，服装已经突破了它的实用功能，不仅仅是为了保暖、避寒和遮体，还是一门纯粹的语言，一种表达、述说和宣泄。

很多朋友一直购买已搭配好的服装，如果是这样，成套的搭配是那个服装品牌的事，你便是它的模特，在为服装的设计师说话，在为服装的销售员表达。

而我们提倡的是服装拿回来以后，要根据自己的情况进行二度创作，要在自己现有的资源中多方式搭配，不要拘泥于服装在它原始出厂时所赋予的功能，不要被其限制，唯有在灵活掌握了穿衣搭配技巧和方法时，才能够做你自己的形象搭配主设计师。

你是否了解服装服饰的 T.P.O
认识我们所处的四种场合
职场、社交、休闲和居家

国际通用的场合着装也叫 T.P.O，这是一种源于西方的服饰穿戴原则。T（time 时间）、P（place 地点）、O（occasion 场合或 objective 目的）。这个原则告诉人们：不同时间、地点、场合对服饰的要求是不一样的，只有遵循这样一个通用的原则，才能做到不出错。我编写这个手册的目的首先是告诉大家场合着装如何不出错，其次是指导读者怎样使场合服饰更出色。

服装服饰的 T.P.O

生活中，我们无非是在职场、社交、休闲和居家这四种场合中转换身份和角色，每天不是在工作中承担着岗位角色，就是面对各类社交场合的主宾身份，或者是在休闲中成为被服务的对象，再就是轻松自在的家中一员。这四种场合对于我们每一个人都非常重要，从你步入社会那天起，就生活游转在这四种场合之中，只是在生命的不同阶段，每一种场合对于你的重要程度、所占用的时间精力以及扮演的角色都在发生着变化而已。

我们戏称人生就是一个大舞台，如何在你的舞台上演好你的角色、树立符合角色需要的形象、提升形象的影响力，除了灵魂、体魄、智慧和技能外，最重要的就是服饰打扮了，并且服饰打扮应该先行。

在很长时间内，职业场合着装和社交场合的穿衣打扮都是都市白领最关心的问题。时常听到有人说，我要去相亲不知穿什么好，也有人精心打扮了才去面试，结果却不知道因为服装的不当给自己减了分。也有人总是千篇一律、同类装束，以一种千秋不变的形象出现在各种场合，让人觉得乏味。总之，生活是五彩缤纷、多姿多彩的，人生精彩无限、充满挑战。你已经拿到了破解服装色彩的密码，拿到了风格定位的钥匙，如今又掌握了 T.P.O 的穿衣秘诀，还有什么理由不让自己成为服饰穿搭的教主呢？

我在路上

我不是在工作的岗位上

就是在社交的环境中……

我们在职场、社交、休闲和居家这四种场合中不断地转换身份和角色。

许多年前，我为了邀请一位重要的人物参加我们的论坛，未经预约，去见一位特大型国企的老总。他穿着一件普通的圆领衫坐在自己的办公室，当时已经接近退休年龄，头发花白，边泡茶边看报，戴着一副老花镜，活脱脱一副看门老大爷的形象。当时我很纳闷：赫赫有名的企业家就是这个形象吗？他就这样出席我们筹备许久的论坛？心中不免有些担忧。无奈，人家在我的力邀下答应出席已经很给面子了，还能要求什么？我始终未能将到嘴边的话说出口。

半小时后会议如期开始，当这位老总在主持人的介绍下步入会场时，我惊呆了，他西装革履、风度翩翩，引来无数闪光灯的聚焦。天哪！这位老总比在场的形象大使、形象设计师和形象达人更会搭配，此时完全是时尚明星大叔的形象，我心里暗暗钦佩他这种场合着装的管理能力，先前的担心烟消云散。

许多高管，往往在办公室的衣柜里放上几套适应各种场合的服装和鞋子，无论出席哪种场合都能够很快搞定。这就提示我们普通的白领，即使不能存放几套服装，也要保证自己临时出现在重要场合的时候不至于着装尴尬。

在非对外服务的窗口，一般对职场着装的要求不是十分严格，IT 企业、设计公司、艺术类公司都有些个性化的、不成文的着装习惯，表现出轻松和另类的职业特点，他们愿意穿着比较宽松的服装，也许禁锢的服装会制约脑力劳动者思维的灵活和无限的创意吧，但是无论哪行哪业，都要切记几个“不能”！

第一，不能太暴露。基本原则是领口开至锁骨下两三寸为限，以不见乳沟为宜，裙装、短裤不能短于膝盖上四五寸，无袖装以肩部半遮挡为佳，吊带裙装不适合出现在职场。

第二，不能太透。能透出内衣颜色的薄外衣也不适合职场，会让人产生幻想，影响职场氛围。

第三，职场不要有太女性化的着装和打扮，过于艳丽的色彩和花哨的大图案都不宜在室内职场。我们前面讲过，职场是一个淡化性别的场合，在职场中，只有岗位责任分工，没有男性、女性之别。所以，女性朋友在这样的环境中要注意放大中性美，减少性感美的成分。妆容不要过于浓艳，配饰不要过分夸张和繁杂。

高职场指的是什么

为什么保险业务员和地产售楼人员注重着装

空姐们是高职场着装竞相模仿的对象

银行职员如果穿得邋里邋遢

你是否敢把钱交给他去管理

与重要的人、重要的事以及贵重的资产财务打交道的场合都属于高职场。

我们所指的高职场，一般指高级国际办事机构、高级专业咨询机构以及金融、航空、珠宝等要求服务价值较高的与人打交道的职场环境。这些职场不仅对办公环境要求较高，对从业人员的形象素质也设立了很高的标准。

最能让普通老百姓感受到的是航空公司的机组人员，40 年前乘坐飞机对普通老百姓还是件很奢侈的事情，那时飞行员和空姐都是神秘的、令人羡慕的，同时机组人员的职业服装也是一大看点。得体、养眼的美女帅哥也是飞行服务的一道亮丽风景线，更重要的是航空这个领域，是最具专业技术性的职业。现在，虽然航空旅行已经走进千家万户，但航空飞行出于专业要求仍然需要树立一种良好的职业形象，让人们看到他们就有一种信任感，感到可靠：我把身家性命交给了一批专业人士，他们能够把我安全地送达目的地。

同样，虽然银行、保险、房地产售楼人员的岗位不能说有多高级，工作有多重要，但他们面对和服务的是客户的财产。客户只有信任才愿意把金钱交给他们保管，所以他们非常注重职业形象，服装上也很讲究，整齐划一的职业套装能带来职业感和专业度，这是客户感官信任的基础。

这几个行业在场合着装上是值得借鉴的。男装均为深色西服套装，配浅色衬衫和条纹或纯色领带、黑色皮鞋；女装也是 H 廓型的深色套裙或长裤套装，衬衫、领结精致，总体给人以干练、利落的感觉。近年来，职业装设计中的时尚元素越来越受到追捧，它不仅增加了职业装的审美品位，在凸显职业特点的同时更注重人的亲切感和年轻态，使职业装在特定场合充分展示着装人的精神气质。

男人更应该注重职场形象
为你的男朋友记住几条职场着装原则吧
初入职场也不能像个菜鸟
买一双好皮鞋并擦得锃亮吧

在穿西装的问题上，从专业上讲“三个三”：三个要点，三色原则，全身的颜色限制在三种颜色之内，三种颜色指的是三大色系。“三一”定律指鞋子、腰带和手提包最好是一个颜色，一般以黑色为主。

女士在着装上的困惑是不知穿什么，男士的困惑是不知怎么穿。

说到职场中的西服套装，不妨将男士西装需要注意的几点强调一下，避免在商务谈判、重要场合的着装出现“不拘小节”的错误。

服装首先要整洁合体，男人的西装款式单一，适合职场的色彩有限，所以穿一身整洁合体的服装很重要。整洁的标准是无污渍、无褶皱、无破损，合体的标准是款式合适、长短正好、松紧适度。

其次要注意的是衬衫，在面料章节，我们强调过男士衬衫一定要选高织棉，选质量好的衬衫，穿着时衬衫袖子以抬起手臂时比西装衣袖长出两厘米左右为佳，衬衣领子应略高于西服领子，下摆塞进西裤内，如果不系领带，衬衫第一粒纽扣打开。

系领带时，领带的选择遵循色调原则，要与本人的风格特点及衬衫、西服和谐，长度以触到皮带扣处为限。领带夹使用时固定在衬衫第四、第五粒纽扣处即可。

西装有单排扣和双排扣之分。穿双排扣西装，一般要求将扣子全部扣好；单排扣西装，若是三粒扣子的只扣中间一粒，两粒扣子的只扣上面的一粒，单粒扣的一定要扣好。

比较讲究的宴会、酒会等场合需要装饰性手帕巾，须根据不同的场合折叠成各种形状，插于西装胸袋。

穿西装一定要穿一双上乘的皮鞋，并且要擦得十分光亮，会给人的精气神起到很好的提升作用，皮鞋的颜色要与西装相配套。里面的袜子，要与鞋和裤子的颜色相配，绝不可跳色。

做出色的职场达人必须学会搭配
用色彩、廓型、风格调试你想要的感觉
千万记住服装时刻在为你说话
四个数据、两个变量的搭配观点

假设核心风格是个常量，大面积的色调是个常量（在基本原则下的稳定），其他都可以作为变量，可以通过各种办法调试你想要的结果。

例如：色彩性格过于外向，可以用廓型、图案和面料略收；

廓型过于夸张时，在用色上进行掩饰；风格重量感不够时，从色彩、色调上凑；

图案比较年轻，需要面料和风格加龄，同时配饰上的调整也能取得意想不到的效果。

深色的套装是女士最稳妥的职业服装标配，这样不会太出彩，但一定不会出错。形象力一贯提倡不仅不出错，而且更出色。

现在的都市女性，三分之一的活动时间是在职场度过，如何在职场穿出品位、穿出风格、穿出个性来，很值得思考。

在色彩、廓型、风格中我们已经对不适合职场穿着的各种情况作了阐述，但是适合的、出彩的、个性的穿着究竟怎样完成呢？需要看几个例子来举一反三。

同一人，同一款，不同颜色会有不同效果。同一款，同一人，稍加搭配效果不同。增加配饰、更换鞋子也会产生不同效果。

当服装的款式风格以及色彩已确定时，可以通过换鞋子，加皮带或丝巾等配饰来弥补一下服装的不足，使之丰富和灵动起来。在这里，鞋子和配饰就是变量。调换的目的是让整体更协调、风格更统一、色彩更丰富或者更适合调节性格感、年龄感的需要。

应聘、面试应该穿什么
见客户也是商务社交的一种形式
着装不是标准化模式，灵活面对不同场合的需要
“有型儿”“有款儿”“有范儿”是什么感觉

有一些人给了自己定位，但并不好看，那就直接让他出位，原因是什么？真正能定位好看的是内外双修， 我们一直强调人衣合一，就是这个道理。

提升形象力的目的是让你穿上合适的服装时，要型儿有型儿，要款儿有款儿，要范儿有范儿。

“有型儿”简单说就是“有样儿”了，有了可以辨别的形状，无论穿什么服装，总归可以套用到六种廓型之中，也就称之为“有款儿”。可“有范儿”是什么意思呢？我们这里的“有范儿”，指的就是精气神！是在实现自己的定位后，穿着合适的款型，充分体现要表达的风格，使自己的精神面貌得到升华，让人看到自己特有的一种风采，也就是“人衣合一”的状态。

我相信这种状态是每一个人都希望拥有的，尤其是在参加商务谈判、面见客户、面试、相亲、与重要人物的初次相见等场合。但是在我们还不具备纯熟的穿搭技巧的情况下，了解一些禁忌是非常必要的。

面试和应聘的目的是给面试官留下好印象，即形象、举止、谈吐和专业能力都要表现好。服装是构成形象的一个重要因素，在这方面减分是最不值得的一件事情。

首先看行业和单位性质，着装适应环境，并高出这个行业或企业面试官对形象要求的期望值，是最明智的选择，也就是入乡随俗的意思。去普通的工厂面试，穿得太过讲究会让人有格格不入的感受；去高级会所应聘，穿得邋遢可能第一道门都难以跨过。

所以请记住：整洁、干练、和谐、注意细节是服装呈现的基本要求；色彩、款式、中性是服装语汇的合理表达；不露、不透、不繁、不艳是服装的安全指标；青春、活力、阳光、稳重、专业、亲和、果断、谦和、干练、认真、礼貌、责任感等，是不同职位的不同要求，据此有选择地用服饰装扮自己是成功的第一步。

做个受人尊敬、受孩子喜爱的老师
我该穿什么给孩子上课

中小学教师的着装要慎重，否则会影响孩子的注意力。
家长、老师是孩子们服饰审美的第一任形象代言人。

孩子上小学时我就问过这样一个问题，你喜欢什么样的老师？孩子毫无顾忌地说，年轻漂亮的！看来“爱美之心人皆有之”不仅适用于成年人，对孩子也是一样的。人民教师是一个神圣的职业，是点燃孩子心灵之火的人，所以教师的形象力如何，对于中小学生的影响力非常之大，不可小觑。

课堂是一个特殊的职场，既不是严肃职场亦不是轻松职场，应该介于两者之间，因此老师的服装款式不宜太保守也不能太复杂和夸张，女老师以简洁明快的H型和小A型为最好，颜色不能太深，否则给人昏昏欲睡的感觉，暴露的服装则是大忌，同时配饰要从简，不宜戴闪亮的、繁复的装饰物，花色也不能太复杂。年轻的女教师多一点活泼和甜美是必要的，可以拉近与孩子的距离，获得孩子的认可，适当有些小花边，有些时尚元素都能起到很好的效果。

初中老师和高中老师的着装更应该注重搭配，因为这时的孩子已经进入青春期，对老师的服装会评点，会刻意模仿或嫌弃，他们形成了一定的审美观念，老师穿得不好孩子们会很排斥，甚至影响对老师其他方面的评价。

老师的服装在禁忌方面与在其他职场相同，但实际上要求更高，因为把握既不外向也不内向的性格、既不轻也不重的分量感并非容易的事情。需要认真读懂本手册的三大部分，当这一切变成自己的所悟时，就会非常轻松了。

为什么有人会误读你的职业
个性在休闲社交中彰显
华贵在隆重社交中展现
休闲不等于随便，轻松不等于放弃

你的形象符号不只写在脸上，还包括你在任何场合出现时的言行举止与服饰装扮，千万别让懒惰毁了你。

我曾认识一个公务员，她的着装很另类，总是不走寻常路，50多岁时还穿当下20来岁姑娘最流行、最前卫的服装，赶着时髦。为此领导不止一次找她谈话，让她注意着装，即便如此也没改变她追求时尚的习惯。但有一次她内心受到了震动，出国期间，她在国外的一个城市遇到了很大的麻烦，当地人误把她当成不良职业从业者看待，也就是把她当成了街头女，这种误会就是由她穿了条紧身皮裤造成的。衣服在为你表达、为你说话，因穿衣不当被人误判了你的职业，实在是件可笑又可悲的事情。

我们提倡个性化穿衣，但这种个性要表现在适当的社交场合，也就是合适的时间、地点和场合，不要做破坏氛围的那一个，而要做添彩的那一位。在各个国际时装周上我们都能看到各路时尚达人，各种风格，甚至是光怪陆离的打扮，但在这种场合怎么穿都不为过，因为这就是展示时尚的舞台，人们乐见新潮和独特。而在要求较高的商务社交中，就要考虑服装与场合的关系，色彩、款式都要贴合人群和气场氛围。

休闲社交也是我们经常要做的，与亲朋好友聚餐、逛街、游览都是一种常见的社交行为，这种时候有些人就很不在乎，认为都是熟人，不必刻意装扮，所以有时穿得很随便。其实任何社交场合都是情感交流的空间，都应该尊重和重视，过于随便就是不重视、不礼貌的表现。我们可以选择轻松的休闲装出席，但绝不能随便到不修边幅，甚至邋遢到穿着居家服就出现在社交场合，这样实在有失大雅。如果说你没有一套礼服，没有一套可以出席隆重晚宴的服装，那我劝你要么去买一件漂亮的礼服备用，要么永远拒绝出席各种重要的社交活动，千万别勉强去了还给自己丢脸。

所谓穿错了衣服主要是选错了廓型

怎样在“我”的花园里自由行走

我所了解的廓型是否能在合适的场合一试高低

有些服装注定是给自己和最亲近的人看的，这样的居家服装以柔软、舒服为特点；有些服装一定是为某种场合服务的，它就是你的盔甲，不为舒服、只为形象。

服装的六种廓型，在场合着装中可以得到很好的印证，不同场合首先选择的是不同廓型，廓型的选择决定了你着装原则上的对错；其次是色调、花色与场合和心情的匹配度，这点取决于你的审美水平；大的原则确定后，学会用配饰调整、调节和渲染，这一项能体现你的品位和搭配技巧。

如果今天要做一个200人以上的大型场合的演讲，要体现大气成熟的一面，选长H、V型均可，领形直线、略向下，因为领子越向下越成熟，这时外向的性格感、成熟的年龄感、中性的性别感，都出来了。接下来可根据演讲内容、参加的人群、隆重的程度来选择合适的色彩和配饰。

根据这些不成文的原则，休闲社交时，要跟男朋友或老公约会，穿一件X型出来，显示十足的女性味道，当然这时也可以考虑和老公的服装相呼应的色调和装扮；休闲度假，想表现得淑女一些，穿上A型长裙，配一个小草帽，穿一双平底圆头鞋子，想不淑女都难；如果今天就想当个小女孩，满足一下少女情结，穿上小短A裙，一双圆头娃娃鞋，立马年轻十岁。

这就是形象打造的魅力，就是廓型在不同场合、不同心情下的作用，当然在满足廓型的情况下，可以通过色彩、图案、面料、配饰等其他元素增加或减弱，也可以调整领型、袖型、裤装的廓型在“我”的区域自由游走。所谓自由在于有能力选择，它无关乎金钱，只关乎能力和技巧，我们这里给大家一些技巧，通过自己不断地实践和努力，就能够成为一种能力。

从回家过年讲搭配，红色永远是主题
衣锦还乡是一种美好的意境

衣锦还乡最早来源于项羽所说的："富贵不归故乡，如衣绣夜行"，意思是取得成就和成果，就要回归到家乡，回到生我养我的那个地方让家乡人知道，否则就像穿了一身锦绣的衣服在晚上行走一样。"锦衣夜行"有一种不能非常痛快地表达自己的沮丧和懊悔之感。所以衣锦还乡，富贵归乡是一种美好的意境。

中国人有这样的传统，衣锦还乡，回家过年，要照一张全家福，这时的服装是要很正式的，是对家庭重要时刻的一份记录和一份尊重。在这个过程中，色彩上要能够体现这个重要时刻的欢乐祥和的气氛，无论男女都可以身着赤、橙、黄、绿、蓝、紫等亮色，简言之多么鲜艳都不为过。

通过服装营造气氛，找回传统，也是我们在这个世界上真正依存的、精神上的根，在这种传统的节日中，中国红是一种重要的底色，这时可以穿大红外套、大红大衣、大红羊毛衫。

红色带给人的醒目感最强，如果想当主角，或者希望自己在群体中一眼被识别，穿大红的服装很有效。红色带来的感觉是热烈的、喜庆的，所以过年时红色是不可或缺的那抹亮色。能穿好大红外套的人，一定有两个特质，才能跟红色相得益彰。五官比较大气、突出或者性格外向、热情开朗，这种人，过年的时候可穿红色面积尽可能大的服装；如果性格比较内敛，是在家庭背后默默承担责任和奉献的人，可以选择红色面积小一些的服装，比如红裙子、红裤子或红色的内搭，外衣用一些比较内敛、含蓄的颜色，让红色更丰富多彩。

服装的三种搭配：鲜明、丰富、和谐
红色是个很好搭的颜色
配饰会让色彩丰富，表达的语言更含蓄
围巾的功能不可小觑

鲜明：所有服装语言做到叠加、强化；

丰富：语言有平衡感，色调语言、色彩语言和廓型语言，互相平衡和制约，让别人看起来有不一样的味道，有丰富感，第一眼看到了一种感觉，第二眼品到了一种味道，第三眼依旧回味无穷；

和谐：丰富感，最终统一于人衣合一上，就是最高境界，就有和谐感。

服装搭配三要素——鲜明、丰富、和谐

穿红色毛衣，由于松软随意的针织不够紧密，会让红色的热烈感减弱，保留温暖感，总体上没有其他面料那么强势和强烈。

一般来说，大面积的红，在穿着上比较难驾驭的时候，有几个点是可以做一些文章的。比如说红色的皮衣，看上去非常干练，有强硬的感觉，如果想让它看起来不那么生硬，可用围巾在领口周围形成一些堆积感，增加柔软的味道，围巾的质感是松软的，它会平衡红色皮衣的阳刚之气，多一些温柔。这种搭配办法也可以用在牛仔及其他需要的场合。这就是采用了“软硬兼施”的搭配原则。

围巾、丝巾除了围脖的功能外，搭配上能起到很多意想不到的效果。

红和黑是两种非常强烈的颜色，也是两种极端的颜色，五官感觉强烈的人能驾驭红与黑，穿上这类服装会很好看。

大红色能搭配的色彩非常丰富，搭配的东西蛮多，比如配一些暗咖啡色、米色、深灰色，会让这个红既有都市感又不形成强烈对比。红色的皮衣色彩强烈，性格外向，款式干练，带来的整体感觉趋向于中性化，穿上有阳刚之气，平衡它的办法就是增加它的柔软度和温和感。

我们还可以通过腰带、包和鞋子来平衡它。

服装怎样存放是个技术问题
怎样搭配是技巧问题
买衣服对你的形象来说
是投资而非消费
衣橱里的东西是你的财产
管理得好坏是门学问
先学技术，再提高搭配的能力

昂贵的不是你花多少钱买的衣服，而是常年不穿所占用的空间和你不知如何搭配所浪费的时间。

你的衣橱是上装和下装放在一起还是上、下装分开放，是上、下装搭配好放在一起还是根据色彩款式分类放？我建议将不同的场合着装分开存放。

从管理的角度我建议把衣橱分成四格，一格放职业装，一格放社交装，一格放休闲装，一格放居家服。如果有一个按四个场合着装标准划分的衣橱，不至于每天早晨临出门时发现上下装的搭配有问题，也不至于有些衣服买了就跟没看见一样，所以盘活衣橱是学会搭配要做的第一件事。

每个星期看一下本周天气，把星期一到星期五的职业装搭配出来并放好。在整理搭配时，春、夏、秋、冬的配饰是不一样的，丝巾直接挂在整理好的衣架上，胸针直接放在衣服上，腰带也可以直接挂在衣架上，也就是说所有的关于那一天的场合服装搭配，完全可以提前搞定。

用这种方式来尝试做衣橱的划分，会比上装下装分开放，在需要时再一件一件试着搭配节省时间，会为每天快速打造上班的形象做一个很好的支持。这个前提需要在周六、周日或者工作日晚上用比较充足的时间再次审视一下你的衣橱、你的服装搭配，找到你需要表达的感觉。

有人说女人的衣橱永远不够用，有的家庭里衣橱原来是夫妻共用，后来发现丈夫从二分之一变成三分之一，又变成四分之一，最后先生的衣橱搬到了客房，再后来妻子的衣服也跟着一直追赶到客房，再次“蚕食”丈夫的衣橱空间。

其实，凡是衣橱需要越来越大的，都是因为缺乏管理而非整理。管理的概念是把已有的资源盘活，变成有趣化、多样化，管理是要高效率的，要让每一件单品起到以一当十的作用。如果习惯把上衣挂在一起，就会永远感觉缺乏上衣，把裤子挂在一起就会永远感觉缺乏裤子，因为卖衣服的地方就是这样挂的。只有当你搭配起来的时候，才知道到底缺一件什么，也才真实地了解你的购物是真正的投资而非消费。

现在流行一句话：提升形象是最好的投资项目

形象是你的无形资产

服装是你的有形资产

我们这一生的形象是否能很准确地表达我们不同年龄阶段，不同的人生诉求？管理好你的无形和有形资产，满足你的表达欲望。

投资是什么？就是花的钱要收到效益。消费是什么？是贬值的。所以要用“盘活”二字来分析你的衣橱，管理你的衣橱。

通过现有的服装资源，让春夏秋冬做一个很好的换季，一个很好的过渡。

买衣服从随意消费的角度出发，有人说，我有钱，可以把购买作为一次畅快的心理安慰活动，我花 5000 块钱能买个痛快！但从对资源尊重的角度出发，不管是 5000 块钱还是 500 块钱，这件衣服买回来应该是加分的，对心理的支持和愉悦程度应该是持续性的，而非一次性的。所以衣橱里一年没有穿过的，没有剪吊牌的衣服，如果不能盘活，就要果断地把它处理掉，捐赠或转移。然后接下来按照已有的衣橱管理计划，看真正缺什么再去买什么。不要做一次性的心理安慰活动，最好是在理性投入的基础上让它为以后的形象增值加分。

今天许多人的现实情况是衣橱爆满，却无衣可穿。

衣橱爆满和无衣可穿，这一对很尖锐的矛盾预示我们需要“断舍离”。日本山下英子女士因为《断舍离》这本书而名噪一时。断掉、舍弃绝非易事，是需要智慧和勇气的。要明确知道我是谁，我需要什么。在这个前提下，才能当断则断，当舍可舍，当留能留。

留还是不留？以审美为依据

服装是文化的表征，是一门语言，现在，它更多的不是从实用角度出发，而是从审美角度说话，所以过去我们买衣服的前提是合身，现在我们的前提是合适。

什么叫作服装的审美？服装要有风格、有型，而不仅仅是合身，这是我们衣橱里大部分衣服需要“断、舍、离”的一个重要原因，因为大多数人穿衣服只为满足身体的实用需要，而缺少审美需求。如果从实用角度出发，不需要那么多衣服，每季两三件足够了。但是审美需要则不同，有多少种心情、多少种场合、多少种感觉，就有多少种审美需要，就需要有很多种服装搭配。我们为搭配买衣服。购买时优先考虑是否有风格、是否能很好地传达审美含义，用服装这样一个物品来梳理一下人和物的关系，梳理一下人和自己内心的关系，这样的购买才会盘活衣橱，才会物尽其用。

我们讲色调、讲风格、讲定位，目的都是让每一个穿衣服的人了解自己和服装的关系，了解之所以选这套衣服是因为自己内心的需求，清楚知道自己穿上这套服装后跟环境是否匹配，知道在所处的环境中跟其他人相处的感受。把这些关系都理清了，搭配的问题就解决了。

衣橱换季换什么

换季换的是温度感，时尚不减

搭配搭的是什么

搭配搭的是技巧，和能力有关

服装“随想曲”——体验审美升华的美妙

衣橱所谓的换季是什么？就是如何在春夏秋冬之间敏锐感受到外界的气候变化、气温的变化，然后准确地把握这个气温及环境中的时尚感。

什么叫时尚？时尚的一个序列一定是时间，去年时尚的东西今年过季了，不流行了，叫作过时。所以时尚一定是与时俱进的，以我们对国际时尚趋势的了解，把握动态的信息，并用服装做出回应。

服装是一种语言，形象是一个道场，盘活已有的服装资源，在这个资源里面用色彩元素、款式元素、面料元素、图案元素、配饰元素让自己的春夏秋冬有一个很好的过渡。在这个过渡里，让自己在职场、社交、休闲、居家等场合里的每一种着装搭配都能很好地表达出来。同时运用这些元素，把学到的知识体系在已有的资源上实践，达到盘活目的。

服装销售行业有秋一波、秋二波、秋三波，冬一波、冬二波、冬三波之说法，也就是说从夏天开始，秋天的服装已经开始陆续上市了，这个过程在引领变化，告知我们时间在变化，我们的形象管理也要随之改变了。换季衣橱该怎么换，如何把春夏的一些东西留下来？这时的廓型很容易确定，风格在秋冬季节更好表达，而色彩该留一些什么样的调性很重要。华丽调、华贵调、古典调、典雅调、沉稳调、美丽调和艳丽调，在秋冬季节都非常好用，而柔美调、柔和调及时尚调在秋冬季节就显得弱一些。

做一个丰富的、可读的女人

什么样的款式可以留下来

春夏的花裙可以为秋冬添彩

衣橱的多功能使用

学会多层次服装搭法

什么款式可以留下？连衣裙或半裙。留还是不留要看它的色调是不是在我们说的调子里，同时要看面料是不是够垂坠。还要看它是否有图案，如果有图案的可以优先留下，花色图案鲜艳多彩比纯色好得多。

太薄的面料会让人没有温暖感，所以，春夏能留下来冬用的服装应该是有垂坠感的、有图案的，花色要比纯色的好，不管是格纹、花朵还是大的卡通图案，花色越多、越丰富的服装留在秋冬季越好用。大部分的秋冬服装是一件式的、大面积纯色，所以要想让秋冬的那种沉闷感被打破，需要很多活泼的服装语言来跟它抗衡，而图案是最能够体现活泼的元素，所以春夏的花裙子、花T恤、花衬衫留在秋冬搭配会非常出彩。

夏天的连衣裙、半身裙，在秋冬季节或者初春季节，可以搭配紧身裤或铅笔裤，或者内穿打底衫，这是春、夏、秋可用来过渡的一种穿法。

用一条细腰带在腰身和胯之间做一个分割线，然后把连衣裙向上抽，抽到分割线下面的长度仅仅比臀和腿的过渡部位略长一点，也就是说只盖住臀围线，从连衣裙变成了一件裙式上衣，这既是腰带的一种用法也是连衣裙的一种穿法，起到一衣多用的效果。

一般秋冬的服装比较单一，没有夏装色彩丰富，同时面料也没有夏装柔软垂坠。在这种情况下，用纱质面料、丝绸面料连衣裙做一些调整，带来飘逸的轻盈感觉，做秋冬服装的层叠式搭配，外搭一个披肩、一件小西服或搭一个毛衣小开衫都非常好，这种搭配叫多层次搭法，使得形象更加丰富。

每个人都希望做一个鲜明的、和谐的、丰富的女性，这种内心的丰富情感，完全可以借由服装元素的组合读出来，表达出来，体现出来。

看几个搭配实例
做一些局部调整后的效果
牛仔裤是每个人都有的一件单品
民族风怎样混搭
柔美的小女生喜欢黑皮衣怎么办

当一个人穿衣服感觉舒服、放松、自在的时候就是穿对了。这件衣服让他感受到他能够得到极大的释放，这件衣服是他的，不必时时护着它。

在秋季，牛仔裤和丝质裙式衣搭配是没有问题的。初秋天气乍寒还暖，用领部的堆积遮挡裸露的皮肤，温度合适又很有时尚感，但如果天儿再冷一些，就要换种穿法，让身体露肤度没有那么高，季节感更统一。这个时候可挂一个长度到胸前位置的金属链子，分量感就出来了，给人的整体感觉会更好。简单的一条腰带或者一条围巾，和牛仔搭配整体感觉都会很好，所以配饰是非常重要的。

牛仔配任何一件浅淡的普通衬衫都没有质感，原因是色彩和面料没有质感，所以，必须与牛仔形成面料上的反差才好。

我们在购买衣服时容易出现的一大问题，是买太普通、太平常的服装，或者买太出挑、元素太丰富的衣服，这是两个极端。

有人说平常的衣服好搭，这是个严重的错觉，当一件衣服太没有特色、没有风格，没有一些你想要表达的东西时，要想让它创造出特点、让它出位，需要在搭配上花很多心思，所以尽量避免购买这样的服装。有人说我已经买了太出挑、太有特色的衣服不好作为常服穿时该怎么办？我告诉你，要混搭。混搭有时会有出其不意的效果，比如上穿一件中式短旗袍，下穿一条牛仔裤，这样会走入另一个高度。

学而时习之，不亦说乎

一件紫色的或者是粉色波点的丝质衬衫，甚至凡是有规则波点图案的衣服，都会带来乖巧感，看懂了这类衣服乖巧的、知性的、雅致的感觉，就找跟它最相近的元素来搭配，常规的一种做法就是搭配跟波点一样颜色的裙子或裤子。图中波点的虾壳红颜色是很难找的，可以找暖色中所有的灰调子，或接近这个颜色的深米色、浅驼色等，一条西裙可以把这件衣服的知性、小闷骚穿得淋漓尽致。

还有另外一种穿法，让它更个性化一点，找另外的面料，另外的感觉，仍然是混搭。

这样的丝质衬衫容易穿出年龄感，建议混搭短裤、七分裤或九分裤，上衣松松的，下穿紧身裤，搭在一起更有年轻感。

有很多朋友的搭配走的是高和谐的路线，就是说上衣什么颜色下衣就用什么颜色来配它，而且到了四五十岁的时候，尤其愿意这样搭。我希望增加一些差别化，面料上细的就加粗；图案一面小规矩，另一面就小狂野；衬衫搭哈伦裤，想象一下就蛮好看。色彩上没有特别的颜色跳出来时，就从形式上突破，会有新意。

搭配是我们的二度创作
有人愿意把自己交给形象设计师打理
那时你只是个不称职的模特
只有自己学会服装搭配才能感受其中的乐趣

小黑皮衣的尝试。用这个例子来解释软硬、强弱的关系，以此类推、举一反三。

黑色皮夹克的语言是“强”，这种很“强”面料的小夹克跟身材没关系，只看跟人的风格够不够匹配。

不够匹配时，尽可能缩小它的面积。合适的人穿这种皮夹克可以收紧腰身，把衣领竖起，这样比较帅气。但是对于面部比较柔的人，这样穿就和气质不搭了，所以要把皮夹克敞开，用长的柔质的纱巾或衬衫来配它。如果衬衫色彩和图案太乖了，抗衡不了它时，就需要搭配一条大的围巾，只要色彩不太艳丽就可以了。

总而言之，不合适你的尽量减少面积，合适你的，在视觉上放大它。此外纱质衣裙和靴子是超级棒的搭配。

其实，每个人都有很多面，所以我们会不停地买新衣服，不停地来搭配。是不是搭配出一种结果我们就会永远按这个穿？不会的，因为每个人都希望自己百变出新。

褶皱面料最早源于日本的一个设计师，被称为立体面料，窄的立体面料做成外搭款式会带来很强的年龄感。怎样穿出年轻感？可采用混搭或创新。衣服可以倒过来穿，就是领子朝下、下摆做领子形成一个特别的外搭，这个方式会让衣服活起来，这是建立在已有衣服的基础上，不主张去买新的。

衣服的穿、搭其实有很多方式，我们用非同寻常的穿法让衣服年轻化，是给大家一个启发：不要被规矩束缚，做二度创作、二次设计是你出彩、出位的时刻，每一件看似平庸的衣服都能通过搭配焕发精彩。

一个注重整体服装搭配的家庭
这个家庭的关系也一定很和谐
幸福写在脸上也写在相互的关系中

夫妻、情侣及家庭成员之间，经常会共同出席一些活动场合，比如春节出行，参加各种活动是不可或缺的内容。在这些场合中，如果女性的着装非常漂亮，非常明艳动人，恰恰让我们看到背后的婚姻关系情况，老公一定是非常有自信心、非常爱太太的，对双方关系很有把握的。他鼓励妻子打扮，如果这个先生是没有安全感的，夫妻关系是紧张和焦虑的，他会反对她打扮。

影视圈有一对夫妻是个传奇，赵雅芝年逾 60 岁，依然非常优雅动人，这背后有良好的夫妻关系作为滋养。每一次夫妻共同出镜时他们的服装都非常般配，色彩上你中有我，我中有你，款式上你中有我，我中有你，在服饰搭配共性的形象中，无时无刻不在告诉别人，他们夫妻互相的认同。

再看亲子关系，服装上的亲子关系。《爸爸去哪儿》就透视出一种文化特征，唤起很多关于爸爸带孩子的社会现象的反思。在中国传统家庭里，照顾孩子起居生活时父亲常常是缺位的，是母亲带孩子。生活中很多婚姻问题都跟这个有关系。

父亲是可以带给一个孩子力量感的，如果缺乏父亲爱的支持和连接，孩子会懦弱，没有很强的力量和自信。

搭配从“头”说起

搭配从“头”做起——妆容与服饰匹配

许多发型师把自己称为形象设计师，可想而知在形象中，发型的作用十分重要。而我们所倡导的每个人的形象力都应该是自内而外、由表及里、从头到脚甚至包括声音、表情、体态、心态、状态在内的整体表达，现在从“头”说起。

在所有的发型解读中，人们只是强调脸形与发型长短的关系，这点和服装与体形的关系一样，是最基本的原则，而我们这里讲的是在满足基本原则的基础上，了解发型与人物、风格以及场合的关系。

对于女性我们习惯将头发分为短发、披肩发、长发、盘发和束发，齐耳以上叫短发（包括超短发），齐肩为中长或披肩发，过肩齐腰为长发，过腰长发为超长发。

发型的不同会对风格的特质产生强化或减弱的作用。比如经典风格的女人不适合超短发和超长发，因为她的中庸特质，太短的头发会给人以混乱感，太长会让人感觉拖沓；浪漫风格的人需要发型中有一些弯曲度，过于直的发型和超短发型，会减弱女人味；想帅气的时候头发一定不能太长，且不能披肩，但可以高高地束起，扎个马尾辫也会很好看。无论哪种风格，整洁都是第一要求，整洁的标准是发型要经过打理和修饰，无论长发、短发绝不能凌乱，要有一定的造型感。

一般穿长晚礼服或V形服装时头发盘起比较好，能充分配合服装的气场风度。短A型服装不适合太长的头发，长发会减弱甜美感而增加淑女味。

自然风格的人选择余地比较大，主要看当时的场合和服装款式来决定；文雅风格的人的发型，不能松而要紧，直发好过卷发，如果实在想卷，小卷好过大卷。

发型、妆容、服装和人物风格浑然一体
是形象力的整体表现
是从头到脚搭配的高级阶段

不要看每个人脸上都是两只眼睛，一个鼻子，一个嘴巴。这中间的结构稍稍有些改变，就有天壤之别，包括发型的设计，有的人只适合一种发型，有的适合几种发型。妆容，不是所有的人都按照一个标准化就好看，而是要挖掘独特的美，抓到一个人的特质，把特质打造出来以后，一下子就脱俗了，就好看了。

我们这里讨论的妆容主要是面部的日常妆，而非浓妆。日常化妆和演出化妆不一样，演出妆更多是为造型服务，日常妆目的是改善肤色、强化五官轮廓。

轮廓分为两个，一个叫内轮廓，一个叫外轮廓。长期以来，大部分人关注的是外轮廓，脸有点方还是有点圆。脸形的修饰可以用发型的视错觉来表现。而在人际交往中，更容易被关注的是内轮廓，第一眼看到的是眼睛，从眼睛和脸的比例来说，小孩子眼睛所占的比例更大些，所以眼睛首先带来的是年龄感，大眼睛会让一个人显得年轻，小眼睛会让一个人显得成熟。然后带来的是性格感，大眼睛的人，通常给人的感觉是外向的，眼睛里面所有的内容，很容易让别人一览无余，而小眼睛给人神秘感，琢磨不透也就带来内向感。同时眼睛的大小也有性别感。大眼睛男士，多了一些女性化特质，更感性，更外向；小眼睛男士让人感觉更内敛，更有内涵，更成熟。所以，男士的眼睛还是以小为美，也有“迷死人的小眼睛”之说。

人眼睛的线条感是不一样的，有杏核的圆眼还有丹凤的小眼，眼部化妆要根据风格走。

如果是女性化的浪漫，要加强眼角、眼尾的线条感，而且眼尾要高于眼头上角，眉毛的化妆也是一样，尾部可以上挑、拉长，强化眼部迷人的曲线；如果这个人希望有一种中性美，那就强化眼线，但不强调眼线的长和短，眉形直线不能长于眼角延长线。

眼睛除了形还有神，换句话说可以叫眼光，圆眼睛的眼光是直接的，曲线长眼的眼光是柔媚的，给人一种风情万种的感觉，原因就是“形”约束着“情”的表达。

因此，用眼线笔起笔、落笔来拉长眼头、眼尾；眼尾上翘，可以使圆眼变曲线长眼，小眼睛可画出大眼睛之感，在画眼时注意周围晕染，能让眼睛更为自然。眉毛的颜色要与头发相宜。

鼻子是五官构成的关键部位
鼻子的曲直会决定风格走向吗
唇是化妆的重点
美艳红唇一直是最亮眼的彩妆

鼻子是人脸五官的中性化器官。所以在传统审美里，看男士，会看有没有一个大鼻子。北方男人之所以帅，除了身高以外，很大一部分原因就是鼻子人。鼻子的线条分两部分，从侧面看，一部分的线条是翘鼻子，还有一部分的线条是直鼻子，翘鼻子的线条是曲线的，直鼻子的线条是直线的。翘鼻子是偏女性化的，也显得年轻，直鼻子则偏向中性化。

为了强化鼻子的直挺，可以打一点鼻影，让鼻子立体感更强。

嘴唇，是女性性感的象征，所以女性化妆，第一重要的事是涂口红，红唇隐喻的是一种正处于情感巅峰期的状态。唇强化得越明显、越厚则越女性化、越感性；若弱化它，便趋于理性。

唇的化妆主要是口红的颜色，要选择与风格和肤色相配的颜色。

嘴唇，强化或弱化不在于长什么样，而在于是否需要化唇妆，是用润唇膏润唇，还是要强化突出。凡是非女性化风格的，一定不要强化嘴唇，强化后看上去会俗，只用润唇就好；而女性味道浓的人 定要涂口红，否则会让人感觉没精神、没状态，太随意、太居家。

悦目即是佳人
淡妆浓抹总相宜

“女为悦己者容”。古代女性化妆打扮是为了让心仪自己的男士看到，而现代社会可以说生活当中悦己者无处不在，同事、客户、家人、朋友都可以成为悦己者。同时我们说，悦人不如悦己，一个人只有足够爱自己、拥有足够爱自己的能力才能更好地去爱别人，每个人都不是完美的，扬长避短更好地发挥出特点就好。

现代社会化妆的另一个目的是尊重对方，尊重悦己者。所以许多岗位要求上岗必须化淡妆，不能素面朝天面对客户。因为经过修饰的妆容会给人带来美的感受，人人都喜欢看美丽的东西。

化妆除了眼睛和嘴唇的强化外，还有肤色，为了让人看上去更健康，一般会打隔离霜、粉底和腮红，这几样化妆品在选择时要注意跟自己的肤色匹配。市面柜台上有五颜六色的液状、膏状的隔离霜，有人问它们怎么会有颜色呢？是否涂上去脸就变紫了，变白了？我们之前看过色环图，红的对比色是绿，紫的对比色是黄，用对比色来抵消脸上的一些颜色，比如说长青春痘可能会使脸过敏泛红，这时可用绿色的隔离霜让红色变得更浅些，之后再去打粉底液。许多人不太会用隔离霜，直接把BB霜涂上去，或者直接就用一个保湿、防晒霜。隔离霜对于日常生活来说是不能缺少的，很重要，即使不化妆也必须用到它，因为它能隔离空气中的一些有害元素，还有防晒和控油的作用。

粉底，无论是膏状的、粉条状的还是液体的，都要根据自己的肤质来挑选。要让粉底霜跟自己的肤色融合，没有反差，千万避免涂上粉底和未涂的地方出现黑白分明的分界线。只要跟自己的肌肤融合了，那就是适合自己的粉底颜色。

粉底也分冷暖色调。我们很多人对粉底颜色只知道深和浅，不知道还有冷和暖。一个冷型人，非要穿暖型的衣服，这个时候冷、暖色调的妆容可以解决这个问题。冷色调的粉底是淡蓝色基调的，是偏粉色的，而暖色调是偏黄的。

我有一次去为学生买礼物，购买一些粉底、唇膏类的化妆品，然后跟柜台的导购妹妹说要五支冷色的和五支暖色的，她满脑子都是问号，不知所云，随便给我挑了一些，结果都是错误的。所以我们自己在购买时要注意分清冷、暖色调。

帽子是一件重要的单品
帽子的前世今生

饰品跟着服装走，服装跟着人走，人跟着心走。
帽子跟着时代走，时代跟着人走，人跟着心走。
帽子的演变跟随时代的发展与变革，人的进步与追求引领了时代的变迁。

配饰的“前世今生”——点睛之笔的运用

现代社会帽子的作用已经远不如古代，中国古代称帽子为“冠”。2012年，我国首家以帽子为主题的位于北京前门大街的中国冠帽文化博物馆免费对公众开放，展示了帽子从4600年前的“帝冠”到现在的演变过程和相关民俗习惯。

古人很重视冠帽礼仪，称其为首服，也就是说在服饰中，它占第一位。

原因是冠帽决定了人的等级地位，我们在影视剧中看到：升官首先配上冠帽，所以有“加冠进爵”一说；两方交战，失败一方摘下头盔表示认输。这些都说明冠帽在服饰中的重要地位。在大多数民族历史中，帽子都是所在阶层的标志，也是社会地位的可见标志。

社会文明发展到今天，脱帽礼一直延续下来，重要室内场合男士取下帽子是一定要做到的事情。

现今，帽子除了功能性作用，也成为生活中一件重要的配饰。

帽子的品种很多，由于脸形及风格特点的不同，戴帽子的效果也不尽相同，所以，帽子一定要试戴才好购买。

买帽子不要跟风，别人戴这款帽子可能会很酷、很帅、很好看，你戴不一定有这种效果。所以还是要看风格，看跟衣服搭配，除了衣服外，跟鞋子的呼应也很重要，这是容易被忽略的细节。

你是个帽子控吗

为什么有的人从不戴帽子

帽子收纳很麻烦，也很讲究

冠帽是服饰文化的重要组成部分。在每一个时期，受经济、政治、文化等因素的影响，帽子也千变万化。相信现在帽子的品种、款式和受众群体一定是历史上最多的。然而，在海量的帽子中，是否有你喜欢的，是否有让你欲罢不能的呢？

似乎每个女人都有一顶遮阳帽，是不是还有棒球帽、吉普帽、学生帽和小礼帽就因人而异了。我有一位朋友自称“帽子控”，许多场合她都有适合的帽子搭配，有时帅气十足，有时复古温婉，有时俏皮可爱，她这种百变女神的形象，除了服装的选择准确以外，帽子的合理搭配也功不可没。但的确也有人不适合戴帽子，所以不必费心置办这件配饰。

帽子的合适与否，与脸形关系很大，所以选帽子首先要与脸形相配，其次考虑款式与风格相宜。

颜色除了黑、白、灰外，还要注意与服装在色调上的一致。帽子在许多情况下，对服装的表达起到补充、调节和强化的作用。比如穿了一身很沉稳的衣服，想要调节一下，戴上一顶小红帽子，形象一下子就活跃起来了，打破了沉闷；中性范儿的帽子，戴在年轻的女孩头上显得英气十足，别有味道。

很多人喜欢买帽子，最后发现帽子存放是个大问题，因为有些帽子不能折、不能压，所以会在衣橱中占据很大的空间。我建议要有一个“帽撑子”，把帽子扣在上面，其他的帽子可以有选择地摞在一起，以防变形。

帽子是一件重要的单品，一顶帽子带来的神奇效果有时是无法估量的，所以鼓励喜欢戴帽子的朋友，努力把帽子运用自如，使之成为配饰神器。

从太阳镜的喜好看你的性格

太阳镜是一件不可或缺的饰品

它的修饰作用远大于遮阳功能，不信就试一试

备几个太阳镜是必须的

尽管有时佩戴太阳镜是为了装饰，但毕竟和眼睛有关，选择太阳镜一定要考虑质量，考虑对眼睛有保护作用的镜片，千万不要为了美而忽略了健康。

太阳镜也称遮阳镜。它的潮流始于 20 世纪 50 年代的猫眼形墨镜。到了 60 年代、70 年代，太阳镜越来越受到年轻人的喜爱，几乎人手一副，主要目的还是防护阳光的强烈照射，避免对眼睛的刺激。后来随着娱乐记者们对当红明星的追踪，明星们不得不用大大的太阳镜来遮挡面部，这更增加了一种神秘感，引发了时髦人士的效仿，所以太阳镜的镜片越来越大，引爆了时尚潮流。各种颜色、各种形状的太阳镜，使得它的主要防光功能性越来越淡，装饰性作用越来越强。现在每一个时尚男女，没有三五副太阳镜都不敢称时尚达人。

太阳镜的选择和佩戴与脸形的关系大于风格。

太阳镜颜色的选择也跟服装、天气和场合有一定的关系。

不同款式的太阳镜，为不同脸形、发型、服装的改变提供选择，在造型，材质上更多样化。

黑色太阳镜搭简约的黑色皮质机车夹克是绝对经典，有种酷到没天理的感觉；而渐变的红色镜片给人浪漫之感；蓝、绿色金属框太阳镜受到许多潮人的喜爱，与沙滩、海水、泳装更是相得益彰。

在时尚潮流涌动的今天，太阳镜也是混搭的主力军，无论是中式旗袍、还是浓烈的民族风情服饰，配上太阳镜和小礼帽都会有别样风采。

脸形对耳饰的选择很关键

耳钉、耳环怎样为我添彩

场合着装对耳饰的要求

风格和场合对耳饰要求更严格

耳饰离面部最近，所以对人面部修饰和整体形象的影响不容忽视。

佩戴耳钉和耳环有一些法则和规矩，比如：方形脸的人适合佩戴弧形设计的、有垂直感的耳环，有助于增加脸部的长度，缓和脸部的棱角感；而长脸形的人要选圆形、扇形等有横向设计感的耳环，它们优美的圆润线条，能在视觉上巧妙地增加脸部的宽度等。但一切都不应该公式化，耳饰更重要的作用是满足整体形象表达的需要。耳饰佩戴的款式、形状、材质与大小都要与服装的风格、款式、色调，以及发型、场合相匹配。在掌握了搭配要领、提高了管理能力之后，就能合理而恰当地应用，小小的耳饰能成为画龙点睛的神来之笔。

耳饰品种成千上万，材质和形状数以万计，从款式上可简单分为耳钉、耳环、耳坠，亦可笼统按照材质的属性、形状及大小、长短来描述耳饰。

首先，职场不适合戴太大、太长、太夸张、太华丽的耳环和耳坠，以耳钉和精致的小耳环为佳，这里的职场不包括演艺类和特殊行业。相反，在隆重的社交场合，浪漫的人可以极尽华丽，经典和文雅的人选精致和高级品，异国风情的人可以配夸张的天然耳饰，而时尚的人佩戴夸张的金属大耳环更出位，甜美可爱的女孩戴各种鲜艳色彩的卡通耳饰都能提高她的“甜度”。

耳饰品的材质很重要，选择不好会引起发炎和过敏，与皮肤接触的耳饰部位最好是金、K 金、银材质，比较安全。好的镀金、镀银也可以作为时尚饰物佩戴。

洗澡、睡觉最好将饰品取下、擦干收纳，佩戴时也要经常用酒精擦拭，防止细菌滋生伤害皮肤。耳饰比较小，很容易丢失，所以收纳、保管也很重要。

耳饰不是必备饰品，佩戴要看服装和发型，不能与风格相悖，否则不但不能锦上添花，还会画蛇添足，破坏整体效果。佩戴后照镜子审视是必需的程序，用你的审美判定是否合适，同时考虑与胸针、项链、戒指、手镯、手表是否和谐，哪一点不合适立马更换或取消，有些风格不能满身珠光宝气，有些风格必须精致贵气，这些要求也要在其他配饰中体现出来。

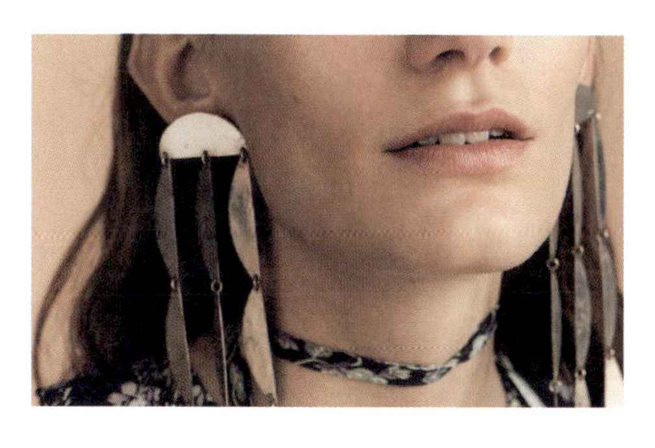

项链是首饰之王，即使不戴也要珍藏

远古时代，人们就已经将动物的骨骼、海里的贝壳等小东西串起来挂在脖子上作为装饰物，也许那是最早出现的项链。随着人类社会的发展，项链除了具有装饰功能之外，还有些特殊标示作用，比如天主教徒的十字架链和佛教徒的念珠。

所以项链的审美涵盖了古今中外的文化、宗教、民风和习俗。人们在美化自身的同时也美化了生活、美化了环境。

我们现在接触最多的一种是具有一定价值的、有保值功能的首饰项链，大都采用非常贵重的材料制成，如黄金、白银、珠宝等。再就是世界上广为流行的时装项链，如包金、塑料、皮革、玻璃、丝绳、木头、低熔合金等制成的项链，款式品种数不胜数、美不胜收，这类链子主要是为了搭配时装，强调风格和个性美感。

项链的审美与流行密切相关，改革开放之初，一提到项链国人大都选择 999 黄金；二十年前珍珠、玛瑙走俏；如今真正百花齐放，各取所需。正因为如此，如何佩戴项链也成了不大不小的搭配问题。

在这里，我们有必要重温一下人的八大风格，找准特点，佩戴什么样的项链基本就不会出错了。

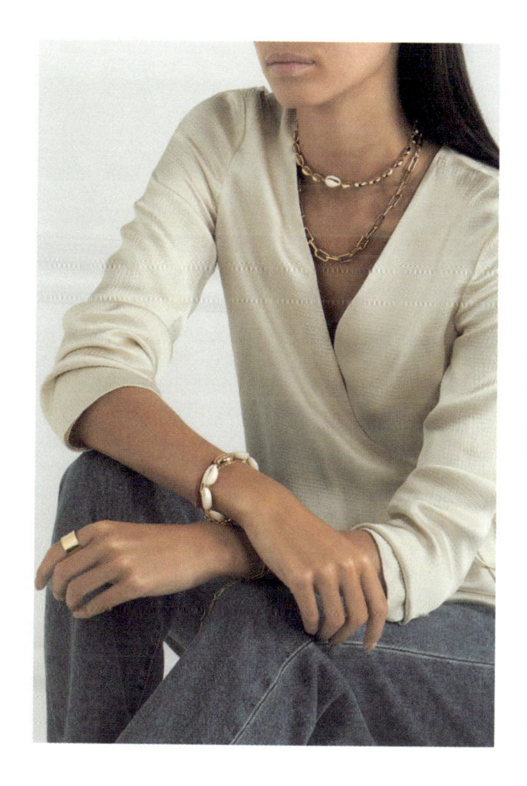

项链也有八大风格

别让项链自说自话

项链与服装一样也有季节性

戴项链的几点提示

项链长短的划分：项链在锁骨以上为颈链，锁骨到乳峰横线处为短项链，超过胸部及腰线部位称为长项链。

首先还是强调一下职场搭配原则，按照场合着装的要求，服装廓型中X、T、O、长A不适合在职场出现，只有短A、H、V这样强调干练、利落、权威的服装造型才适合塑造职业形象。据此，项链也不能款式过于繁复、品相过于豪华明亮、造型过于夸张奇特，会减弱职业感。

秋冬季穿高领衫、套头毛衣时，在胸前佩戴一条符合气质的毛衣链，能增加灵动的线条感，是一件很好的配饰；春夏的项链以简洁大方为主，项链的长短要根据服装及领型选择，同时跟服装的颜色图案也有一定关系。

休闲场合对项链的佩戴要求比较宽松，但经典风格的人要注意项链的品质感，避免一切看似廉价的饰品饰物；而自然风格的人恰恰相反，休闲场合可以任意混搭服装和项链，石头、皮质、木质等天然材质的饰物都可以作为她的饰物，并让人忽略其价值，欣赏其自然美感；浪漫风格的人因女人味十足，故要避免强硬的黑金属中性饰品；文雅风格的人要有些精致感，夸张的大结构项链很难掌控住。

娇小的女孩可选择色彩差异大但紧凑的款式，或多股颈链能凸显出可爱气质，注意项链距离脸部要有一定空间感。

项链除链子本身外，吊坠在风格上也起到很大的作用，所以吊坠的材质、款型、颜色与大小在搭配时要重点考虑。

教你如何讲好珍珠的故事
珍珠项链自古以来一直是女性最喜爱的饰品之一

蚌生活在茫茫大海的底部，海水的冲刷会将沙子带进蚌的体内，蚌要痛苦地忍受沙子每天对它身体的磨砺，日复一日地磨啊磨，最后蚌将沙子磨成一颗璀璨的珍珠，真的难以相信，平凡如斯的蚌竟可孕育完美如斯的宝物。

这个故事也告诉我们：美丽也要经过打造和磨炼，也许是“痛”并幸福着的过程。

文艺复兴时期有一幅著名的油画《维纳斯的诞生》，它描绘了一位女神站在一扇巨大的贝壳之上，从海底跃然而升，身上带起的晶莹水珠在滑落时竟变成粒粒洁白无瑕的珍珠，珍珠伴随着维纳斯诞生了。

维纳斯是美的象征，珍珠是美的化身。

珍珠的等级不同，价值也就有天壤之别。珍珠的质量等级主要根据其形状、大小、颜色、光泽等确定，珠的直径越大、珠层越厚则等级越高。顶级的珍珠仍然是贵重珠宝，就我们普通人而言，形式大于实质，“美度”高于价值。

珍珠在市面上流行的主要有白色、粉色、黑色（深灰）和金色四种。不同颜色的珍珠带来的感觉是不一样的，白色珍珠圆润纯洁，老少皆宜；粉色珍珠突出女性化特质，有点柔美浪漫的感觉，更适合少妇佩戴；以黑色珍珠为主导的深色珍珠或偏冷色珍珠是最个性的珍珠，适合彰显个性特质的时尚感很强的人佩戴。黑珍珠由于黝黑乌亮、璀璨炫目，现已成为世界上最时髦的装饰珠宝之一，因为数量稀少而异常名贵，价值高出普通珍珠的数倍。

而金珠有极强的富贵感，一般养殖成珠的成功率较低，要求品质和形态较高，所以价值不菲，同时也带来富贵感。珍珠是纯女性的饰物，再“娘”的男士也不适合佩戴珍珠。不同颜色的珍珠告诉我们：它要找到与之相匹配的女人。

随着养殖珍珠技术的提高，普通珍珠项链已经不再是奢侈品，它已走进寻常百姓家，人人都可以有珍珠项链，但不等于人人都会搭配它。

高雅纯洁，瑰丽色彩的珍珠被誉为宝石皇后
能与皇后级珠宝相配的人分量也一定不轻

国际宝石界将珍珠列为六月生辰的幸运石，也把珍珠作为结婚十三周年和三十周年的纪念石，它象征着健康、安宁、纯洁、富有和幸福。

大部分人对珍珠的认识，都从一款白珍珠开始，了解它可以解决我们在珍珠选择和佩戴上的一些难点问题。

有的国家有这样一个传统，女孩初长成的时候，妈妈会给女孩送一款珍珠项链，所送的一定是白珍珠，想让这串珍珠项链佩戴在女孩的颈项间，照耀她成长的道路，无时无刻不在提醒她成长的美是一种温润的、光泽的、有规律的美。

珍珠的外形圆润，有一个词叫“珠圆玉润”，其实真正完整和极致圆的珍珠是很稀缺、很难得的。

一条项链由一颗一颗的圆珠有序排列形成，它有极强的规则感，这种有序告诉珍珠佩戴者的又一个人生启示，叫“规矩”，所以我们就知道什么样的人能把圆润的珍珠戴得特别好了，一定是经典风格的人佩戴圆润的珍珠最合适。

但是也有一些珍珠，是自然、随意地成长以及奔放般的存在，最后长成了异形，所以珍珠不一定都是圆形的，圆形带来更多的是共性的东西，而异形珍珠，突出了强烈的个性，异形珍珠适合时尚和自然风格的人佩戴。

许多人佩戴珍珠容易显得老气，原因很简单，圆形珍珠的规矩感和规则感显得佩戴人成熟。除此之外还取决于珍珠颗粒的大小，小和大取决于珍珠包裹孕育的时间长和短，小珍珠更显年轻，大珍珠更显成熟，它们的分量感截然不同，所以大颗粒珍珠不适合年轻女孩佩戴，视觉年龄 40 岁以上可以使用。珍珠以大小的方式告诉人们，岁月的累积是要同等匹配的，大珍珠孕育的时间更长，磨砺的时间更长，它经受的痛苦更多，所以它有更大的分量感。

其实真正的珍珠，是我们生命中的珍珠，是那经过岁月砥砺、打磨包容成长的自己。

香风间旋众彩随，联联珍珠贯长丝

这是唐代诗人鲍溶《霓裳羽衣歌》中的两句诗。鲍溶，字德源，生卒年、籍贯不详，元和四年（809）进士，是中唐时期的重要诗人。

珍珠的佩戴和搭配，可以作为一个“点”，一是指间的一个点，一是胸前的一个点，还有一处是耳畔的点。

从审美的角度看，“点”就是焦点、就是亮点，点分大、小和不同颜色，选择的时候，如果是在胸前的点，它最合适的位置，是女性乳峰平行线和锁骨中间的位置。这个点所挂的珍珠，一定是圆珠。

如果是挂在耳畔的点，通常这个点以两种方式出现，一是贴在耳际的珍珠耳钉，它以一种光泽有力的、静态的方式存在；一是耳坠，它的悬垂感使这个点摇曳和生动。

戴贴式珍珠耳钉，越小越显年轻，越大越显华贵。悬垂式耳环、耳坠，越大越有动感。

而放在指尖的点，大和小的选择，除了要跟手指的粗细、圆润相匹配，还有一个要求，就是手要有肉感，而不是骨感。那么这样一个聚焦的点，看到的是手的细腻、饱满、十指纤纤如葱，这种女性的圆润感觉。

在珍珠的使用中，大都是以项链的方式出现，佩戴时形成一条线，线的美感有两个部位，在脖子周围形成弧形线条，这是戴珍珠项链较美的一个长度，切记只能在脖颈周围，如果项链的长度半长不短，就会显得老气。而市场上购买的项链大都是这个长度，这样的长度只适合一颗圆珠，而不是一串珍珠。一串珍珠除了戴在脖颈周围，再就是长度至乳峰和肚脐中间的位置，这个长度会在人走动中形成摇曳的动感，线条会有一种流动美感。

珍珠还可多层次使用，弥补服装的简约，叫作“穿珍珠”，这样形成一个面，层层叠叠，得到质感上的升华，这就是珍珠配饰的点、线、面。

金色是富贵的象征，也是美好的寓意
金珠有着非同凡响的魅力

珍珠的色彩因光源、背景、角度的变化而显出五光十色，如同美好的记忆带你穿越时空隧道，打开时光宝盒，审视美丽人生。

金珠稀缺且贵重，金珠的佩戴很挑人，没有十足底气，别轻易碰它。

对金珠，暖色调皮肤的人佩戴合适，冷色调的人最好不要选择。所有的金色都有贵气感，不要直接戴在脖颈上，除非是欧美白人的那种白，否则会让人显得暗，因为它的光芒太暖，可戴在衣服外面，最相匹配的衣服是一件黑色的纱质高领衫。金珠的长度，要稍微长点，让里面的衣服领子有一个空间，也就是它不是戴在脖颈上的长度。两种材质和金珠最相衬，一个是丝质，一个是羊绒，这时金珠的高贵感就出来了。

如今珍珠饰品的设计已经很棒了，在选择的时候，除了传统意义上以圆、水滴为好的珍珠，也可以选择一些异形的、有设计感的珠子作为配饰。但如果要作为收藏和保值，一定是圆珠好过其他的异形珠。

在项链的配饰中，重点介绍了珍珠。珍珠是最常见的一种配饰，适用范围广、年龄跨度大，然而珍珠饰品的商家和设计师对适配人群和佩戴方式所做研究不多。所以，这里按照“形象力理论”对各类珍珠的语汇进行分析和定位，帮助佩戴者准确选择、正确使用，达到最佳效果。

丝巾是气质的飙升线

配饰是服饰的点睛笔

一条丝巾、一条彩带，美出个性、美出风采

丝巾在配饰中起到举足轻重的作用，在任何场合、任何风格中都可以搭配丝巾，只是要注意丝巾颜色、面料、图案、形状和大小的选择。

如今，各种渠道和信息媒介上的丝巾系法非常之多，动一下手指就能查到上百种，所以我们不介绍系法，而是合适的用法。

丝巾在和服装的搭配中，其主色调一定要与服装的主色调相融，最基本的要求是冷、暖调一致，不然会看着别扭。因丝巾是离面部最近的饰品，围在脸的周围，对脸色的映衬作用很大，所以色彩的选择很重要。

在色彩、廓型、面料、风格的介绍中，都强调了语言的表达，丝巾在与服饰相搭配的过程中起到调节作用，这也是这件单品最神奇的地方。如果服装过于正式、色彩偏沉重，一条彩色丝巾可以打破闷局；如果服装色彩太单调也可以用丝巾调整颜色；同时丝巾能轻而易举地做到对领型和整体线条的修饰。

绸缎和光亮面料的丝巾对于年轻的女孩来说应小面积使用，否则会显成熟老气；而年龄比较大的人也不宜用质朴的围巾，会加重苍色。

如果周身穿得过于硬朗，配上一条小丝巾既不改变风格特点，又会增加一点柔性。在我们倡导的“软硬兼施”“粗中有细”“刚柔并济”的穿衣原则中，丝巾一定是最好用的饰品之一，所以多一些不同花色、不同种类的丝巾是非常有必要的。

男人的皮带是他风格的说明书
皮带的搭配一定是你很感兴趣的话题
腰带的多功能用途

古人不论穿着官服、便服，腰间都要系上一带。天长日久，腰带便成了服装中不可缺少的一种饰物。

男人的配饰可知晓

古人将束带视为礼仪的重要环节，可见腰带在服装中的重要地位。

现今，腰带除了束腰的功能，还具有一定的装饰功能，应该是一件必配的单品。女人的裙带、腰带品种很多、材质及色彩极为丰富，搭配的范围也非常广，所以女士的腰带多以装饰为主，更多的情况下起到一个视觉分割的作用。但要注意，佩戴得好是画龙点睛，配不好就是画蛇添足。

女士风衣一般都会配有腰带，这时的腰带要松松地一系，或者在后面轻轻地一挽，既潇洒又好看，与风衣的风格浑然一体，而有很多人，往往紧紧地勒出腰身，看上去很不自然。穿连衣裙时，裙带在视觉上就是起到一个上下半身的分隔作用，看上去更有节奏感，下半身更修长，整体感更丰富。

对于男人，一款合适的皮带是非常重要的配饰，可以代表一个人的品位，其作用不低于一双鞋子。曾有人讲过一个段子，说一个人在某高级酒店用完大餐，发现钱包里的钱不够付餐费了，索性将皮带取下，说这条皮带押给你行不，可想而知这条皮带价格不菲。也说明系一条好的皮带对男人而言是很重要的一件事。

皮带的选择也是对男人风格的一个诠释，西裤皮带色彩基本以黑色、深棕为主，材质为牛皮。皮带扣的样式和图案非常丰富，有古朴、豪华、简约、时尚、骑士、学院、艺术等风格，所以要根据风格、年龄、职业及服装做出选择。

男士穿牛仔装或休闲装时，可以选择棉编物的休闲类腰带，使之与服装的颜色和款式更为协调。

从手表看男人的风格和品位
手表是男人的配饰
手表的计时功能减弱、装饰功能渐强
切记：男人的手腕上不能没有一块腕表

手表从钟表演变而来，钟表的历史可以追溯到1000年前，而手表只有150多年的历史。

瑞士是手表的发祥地，并以世界名表之都扬名天下。机械手表诞生于150多年前，独霸天下百年之后被新出的石英电子表所冲击，现在市面上销售的手表多为电子表。但最近几年复古风盛行，真正的贵重名牌手表还是以机械表为主，一块名表多则百万元，少则几千元。

手表无论是作为身份的象征、极佳的配饰还是计时工具，一直受到追捧。即使手机横行天下，时间信息随处可见，人们还是把手表作为重要物件看待，尤其是男人，他们高度重视手表的选择。因为它可以说是男人唯一的饰品，对于一名重视品位、追求卓越的男士，佩戴一块合适的手表不但能够提升形象力，还能够体现其修养和志趣，所以，男人们一定要记住：重要场合，手腕上一定不能空空如也，佩戴一块与服装和自己气质风格相吻合的手表是必须的。

我国几十年前将手表称为四大件之一，是新婚男女必备之物。随着物质生活的改善，手表逐渐成为寻常百姓的配饰，男女老幼在任何场合均可以佩戴手表，但值得注意的是，在不同场合，着装不同，手表的选择和佩戴也应符合整体表达的需要。

皮质或精钢材质表链，纯黑、纯白表盘的腕表
可与任何服饰搭配
佩戴一款时装表或运动表
要注意对服装的风格和色彩的点缀效果

一款优秀的腕表除了具备基本的报时功能，还应有诸多实用功能，比如日历、计时器等，同时作为饰品一定要挑选它的款型、颜色和风格特点，与服装和人的风格相配。

手表和其他饰品一样必须与服装的款式、风格和色彩整体搭配。

皮质表带有质朴感，保守又安全的颜色是黑色或深棕色，这两种颜色不出错，但也不易出色，男士为了稳妥可以选这两种颜色为主，比较好搭；女士休闲场合可以选各种时装表，表带也可以丰富多彩，挥动的手臂是色彩流动的一个亮点。

精钢材质的表链比较普遍和常用，不太挑衣服，穿着运动装戴钢制表链的大有人在，尤其是男士手表一款到底的人很多，在不太讲究的场合也过得去，但一定切记：一款帆布表带的手表或橡胶波纹式的运动手表不可以出现在身着正装的正式商务场合，因为易使人在举手投足之间暴露形象礼仪的缺失。

表的款式要与人的风格相匹配，与身高体态相称，与身份、性格相适应，与环境、场合相一致。人高马大的男士不能配秀气的、超薄的腕表，低调内向的男士显然也不会选择夸张、闪亮的大表盘。

经典、文雅的女士可以戴精致的传统经典款女表，而时尚和浪漫的人则可以选择时装表搭配各种时装；自然的人不适合精巧的坤表，会显得小气拘谨。

许多品牌手表的设计和推送是有目标人群的，只有与表的文化内涵相一致才能佩戴出它所表达的内涵。

我们说服装要做到人衣合一，手表、配饰也是一样，要和气质吻合、融为一体。佩戴名牌应有真正的绅士作风，如果满嘴八卦，口无遮拦，只会降低自己的身份，所以修身、修心、修德性、修形象，是修养的全部内容。

你认为包包是饰品吗

包包的使用功能与配饰装备功能并重

男人要有一个质量上乘的手提式公文包

在正式场合使用

女人要有多款不同功能的包包满足不同场合需要

我不赞成盲目地追求名牌包，包包和手表一样，每一款在设计之初都是有语汇的，一定不是为适应所有人需要，所以选择和自己气质风格相符的包包比花重金买名牌更重要。

现在双肩包大行其道，上班族使用双肩包代替公文包一举两得，但是无论怎样也代替不了商务场合所需的手提包。

我们从上学开始就离不开包包，从书包到手提包，是一个人成长的见证。正因为我们从书包开始接触包，多数人认为它就是一个物件，装书、装文件、装手机和化妆品的工具，不外乎就是大小、式样不同而已。其实它除了大小、式样、面料不同之外，使用的场合和面对的人群也不同。

包包的分类很复杂，对于非专业设计师而言，了解与不了解意义不大，我们只需要知道什么场合需要用什么样的包就可以了。

职场用包一般是硬挺的，比较方正的经典款手提式男包和女包，有职业感。女包的颜色和花色也不能过于艳丽花哨，要与服装的风格相符；包的规格大小要注意和身材、体态相宜，个子矮小不适合大包，会给人负重感，同样高大丰腴的女士也不适合小包，秀气的小包与高个子搭配会比例失调，显得小气。

包的面料以真皮、漆皮为最好，黑色、白色都是最常用的颜色，比较百搭。当服装与包包都是沉稳的色调时，可以系上一条彩色包带，随着手中包包的摇动形成流动的色点，打破沉闷的装扮。

软趴趴的布包、编织包以及时尚感十足的个性图案包包不适合职场，硬挺和半硬挺时尚女士背包受年轻白领的青睐，在一般上班族中广泛使用。夏天包包的使用比较宽泛，需要注意的仍然是风格相符。

讲搭配，鞋子是绕不开的话题
男人的鞋子比衣服还重要，这不是耸人听闻

现代人对自己鞋子的分类已经很明确，正式场合穿皮鞋，休闲场合穿各类休闲鞋、运动鞋、工装保护鞋等。

那么在各种场合是否真正穿对鞋了呢？不尽然。许多人、许多时候还是凭爱好购买、凭感觉穿用的。尤其是比较懒惰的男士很不注意搭配，有“一站到底”的精神，鞋不坏决不换。敬告白领精英、职业人士，千万要像爱护你的手机一样爱护鞋子。

鞋子、服装和人是相互借力、相互建设的。再好看的服装，由于鞋子配不好，也许在站起来的瞬间形象就会坍塌，这不是耸人听闻。

男士在正式商务场合，穿正装配正式的皮鞋。皮鞋以黑色为主，如果穿暖色系西装，深棕色皮鞋也很适合，袜子的颜色要与鞋子同色或接近。黑色皮鞋是必备品，常用也好搭配，其他颜色和款式依个人风格喜好及财力而定。

正式场合女士对鞋子的要求没有男士那样严苛，只要与服装的款式风格和色彩相呼应，彩色的鞋子也可以。鞋子也可以有一些简单的装饰，但不可以穿拖鞋进入正式场合。

女人的鞋子可以有各种面料、各种颜色和款式，但黑色的皮鞋是必备品。

鞋跟的高低、粗细、形状取决于人的风格定位，同时与年龄、身高和体态也有一定关系，选择适合自己、穿着舒适并健康的鞋子是最重要的。不要一味地追求时髦和跟风，如果鞋跟的高度满足不了需要时，可以在款型和色彩上调整。

穿自己的鞋让别人的脚去说吧
先学会认领什么样的鞋才是你的鞋

我不赞成盲目地追求名牌鞋，每一款鞋在设计之初都是有语汇的，一定不是为适应所有人需要，所以选择和自己气质风格相符的鞋比花重金买名牌更重要。

女士有八大风格，各种风格都可以找到相适应的鞋子，能满足各种场合需要。鞋子各种各样，怎样搭配很重要，记住几点原则。

穿长H型服装或过脚面的阔腿裤，要穿高跟鞋，它能显示出挺拔、潇洒的个性；而九分小脚裤，穿彩色平跟或坡跟鞋更有味道；长A裙要穿圆头平跟鞋，有田园风淑女味；X型服装一定要穿尖头细高跟鞋，能充分显示出女人的婀娜多姿；时尚帅气的人，秋冬配马丁靴会有酷酷的感觉；质朴的磨砂面鞋给自然的人很好的表达，和牛仔的搭配也非常和谐；而漆皮鞋尖锐的亮面也让时尚感得到释放。凡是硬挺一点的鞋和服装都容易成一个廓型，会让人的年轻感、时尚感更足。

男士的风格主要有五种，凡是五官鲜明的人，鞋要有硬挺感，想穿软趴趴的鞋都难，鞋是人的支点，软了就没有挺立感，没了根基，所以男人的鞋更要求皮面的质量。上好的牛皮鞋，打理得锃亮，人的精气神一下子就出来了。

生活中，什么样的人适合穿软一些的鞋呢？那张脸要写满“斯文”“斯文”“斯文”，所以如果鞋的面料是软的，颜色一定要夺目。比如说很亮的柠檬黄，很亮的粉等，也就是色彩要有硬度和力度感。

休闲鞋子款式很丰富，面料多样化，许多运动品牌已经把色彩做到极致，各种闪亮的色彩都被推向运动场，给人带来阳光健康和青春活力，正因为运动品牌生产商推出了这样的设计，也给运动休闲和各种户外活动的服装搭配带来更多更好的选择，丰富了色彩。

摄影：王佳

如果你是个馋人——可吃色与款快餐

拾色快餐

色彩

色调一致：服饰搭配好，全靠色调找，调性要统一，色块看比例，
不怕颜色多，就怕乱跳色，撞色撞得巧，全靠大比小。

“冷暖自知”：冷暖色不混，水火不相容，两色搭一起，俗气加土气。
“色心色胆”：心里渴望出彩，不妨大胆出色，只需考虑面积，哪怕胸花一朵。

“弃暗投明”：想要年轻避免暗沉，想要外向增加明度，色调沉稳年龄成熟，
柔美艳丽女性十足，都市时尚无色最酷。
“头重脚轻”：上深下浅头重脚轻，头重脚轻动感减龄，打破平衡鞋来调整。

面料

“粗中有细”：外衣如质朴，内衣要精细，浑身都粗布，落魄引人误。
“软硬兼施”：硬挺面料彰显年轻，细软丝绸写满春秋，相互搭配最有风度。
“轻薄有度”：面料轻薄没有质感，加深颜色视觉调整。

款式

五花八门：条纹规则，单花年轻，重花成熟，动物外向，波点女性；
甜美小A、淑女长A、干练短H、潇洒长H、权威大V、
性感X曲、活泼O裙、美肩露T

摄影：王佳

如果你是个懒人——请背诵搭配口诀

搭配口诀

上松下紧：上衣宽松，裤子收紧，全身松垮，没有精神。

下紧上松：紧身服装，头发松绑，全身宽松，盘发出场。

“横竖不依”：腰间系带，横线明朗，项链须短，不宜拉长。

“露肤透气”：服装包裹太紧，感觉呼吸不畅，适当露肤透气，挽袖卷裤露肤，开领解扣变样，肩颈美出时尚。

繁简适中：配饰不宜繁复，堆砌品位不强，首饰点睛之笔，一笔中的最棒。

“三点一线”：锁骨、乳沟视觉焦点，项链、丝巾、挂件选准长短，一款腰带分割线，一色服装节奏感，身长腿粗视不见，比例协调美翻天。

“好色之图”：女装第一选色彩，场合款式最重要，色彩不足图案补，面料选在第三步。

“物有所值”：男装首选看面料，廉价服饰不能要，宁缺毋滥品质好，穿出品位工艺保。

“度身打造”：性格感要氛围穿色，想年轻体形棒穿款，年龄大要品质选料，语言丰富统一要配。

风格

“中庸之道”：经典人多文雅可亲，文雅人靠经典可敬。
浪漫人偏经典可贵，自然人多经典可靠。
霸气人多自然可爱，儒雅人多浪漫不俗。

摄影：王佳

如果你是个忙人——就请扫码听书

先识罗裳后识人，你的美丽无极限

穿衣与搭配是一步一步的经验和探索得出的结果。每一个人来到这个世界上，都是光着的，最终习惯穿第一件衣服、第二件衣服……这种习惯来源于我们的家庭，来源于我们的母亲，来源于我们的成长环境，也塑造了这样的一个“我”，然后你就有了一个舒适区，在这里面你的衣橱里永远只是自己穿习惯的一种。当去到这个习惯之外的地方，一定有点小小的不适。这种不舒适不仅来源于你自己的内心和本人的一种不统一，还来源于你和别人的关系，别人就会觉得这个不像你，还来源于你跟服装和服饰这种语言的陌生感。

我们每个人都有定位、有定点，也希望出位，不满足于舒适区，想突破，想走得更远，审美的眼界更宽、更能包容，容纳更多的美，希望游走的疆域更大、更广，于是我和你有了这次机缘。我们愿意陪伴大家成长，希望在共同学习中帮助大家一点一点把界域打开，早期一定是不舒适的、不习惯的，但是没关系，从这一刻开始有一点点小突破，每天翻一翻、看一看，实践一下搭配的快感，几年后就习惯了，就成为自然而然的美丽天使。相信每一个有“美”的信念的人都能达成。

摄影：王佳

我向来反对给人贴上标签，告诉别人说：你就适合这样的色彩、这样的服装、这样的搭配。

那应该只是你表达的一种形式，你还有更大的舞台，更多的选择，所有的服饰是为人服务的，所有的人是为心服务的。也就是说一切审美的出发点，一切服装语言表达的出发点，都是从心而出，我今天想做谁、今天想表达什么。心越大，驾驭的范围就越广，游走的空间就越大，不要被禁锢在一个框框内。学会搭配的技巧，掌握搭配的要领，拿到色彩的密码。

打开界域拥抱美丽！美丽无极限！

扫描二维码
在小红书找到我

摄影：王佳

卷尾语

《美丽三重奏》再版了。

当持续多年采访记录程成老师美学观点的广东电台节目主持人王佳，以"《美丽三重奏》与'人生三部曲'"为题让我说点什么的时候，我想到了人生，想到了成长，想到了友谊。

这是《美丽三重奏》这个书名更深层次的含义。

我和程成相识于27年前，年轻时的她美丽大方，多才多艺，作为民航培训系统的老师，同为"传艺授业"，她的课总是格外受欢迎，展现了深厚的文学功底和超强的语言表达能力。

也许是极度的热爱，也许是深度的探究，也许是"一个好老师"的使命，她注定成为当今卓有建树的形象美学研修者和传播者，"形象力体系"在她的首创和倡导下，被广为认可和沿用，"形象力"已然成为形象美学行业的关键词。

她的形象力，不仅有哲学思维、美学理念，也具有专业实践基础知识和时尚风标指引功能。这些都渗透在《美丽三重奏》的字里行间。这本书是程成第一个美丽十年的见证。我不止一次说过，程老师课堂上的妙语连珠、奇思妙想和独到见地，不用文字和有声语言记录下来真是一种遗憾和损失。毫不夸张，我是这本书出版坚定的支持者、敦促人和操盘手。因为作为朋友，我也是形象力最直接的受益者，这本书启发了我对美的理解、认知和成长，更见证了我们的友谊。

之所以用"第一个美丽十年"定义这本书，是因为本书的主要内容出自程

成老师十年前的课程内容，从拟稿、编辑、出版到第一次印刷历经了四年时间。

而现在，程成的“第二个美丽十年”，又取得了更大成就，其发展超乎了我的想象，她睿智、成熟、充满人生哲理地讲述生命与自然之美，透析形象来解答完美关系，探究心理学与人性美丑的外化表达，最早提出了“形象不是长相，人的长相没有缺点，只有特点”的观点，倡导“人衣合一”“人与环境和谐”，并对繁复的配饰给予精准而实用的描述，从而使“形象力体系”更趋于完善，内容更加丰富与深刻，我们期待着程成的第二个、第三个美丽十年的成果出版发行，尽早与读者见面。

《美丽三重奏》是献给读者的一份礼物，也是“形象力体系”的基础读本。

为了让读者更好地理解和应用，我们采用了图文并茂的版式，力图大众化、口语化，以浅显易懂的方式呈现给大家。希望对穿衣打扮有要求却不知如何开始的人、面对满柜衣物无法取舍的人、总是在重要时刻少一件合适服装的人……能通过本书受到启发，获得帮助，因为这不仅是一份穿搭教程，更是形象塑造的底层逻辑解析。

我们也希望为刚刚踏上“形象美学之路”的美业从业者提供有效路径，让看似深奥的专业知识变成信手拈来的熟练技能，成为值得信赖的个人形象设计师、形象管理师，这是我们编写本书的初衷。

相信通过阅读和实践，你也会成为“美丽三重奏”中的一个快乐音符，从初识色彩到了解款式，从认准风格到熟练穿搭，从改变对“美”的认知到欣然接纳自我，最终成为形象美学的践行者，活出不一样的自己，美出生命的绚丽。

由于本书采用大量图片以帮助读者理解内容，有些图片无法寻找到原始版权人，出于对知识产权的重视，我们诚挚地希望，在您读到这本书，或者以其他途径获取到版权信息时，请与我们联系，我们会按相关规定支付版权费用。

对未能标注出处的图片，作者深表歉意，恳请得到理解和支持！同时也对提供图片模特的形象美学共创营的小伙伴儿和每一位版权人朋友表示衷心的感谢！美丽事业在路上，有你，有我，也有他，人生多精彩，携手向未来。

本书策划人：杨红鹰

2023 年 6 月 18 日

摄影：王佳